全国高职高专精品教材

ArcGIS 基础操作实验教程

Experiment Instruction for ArcGIS Basic Operation

孙晓莉　主　编
和万荣　杨忠祥　副主编

测绘出版社
·北京·

内容简介

本书由多年从事地理信息教学的高校教师共同编写完成,主要包括 ArcGIS 软件安装、认识 ArcGIS、影像配准及矢量化、数据编辑、数据格式转换、空间数据处理、空间分析基本操作、不规则三角网(TIN)及数字高程模型(DEM)的生成与应用、ArcMap 软件制图、综合练习等实训项目,并提供配套的拓展训练数据,帮助学生强化技能。

本书可作为高职高专院校地理信息系统技术应用课程的实践操作配套教材,也可作为测绘地理信息类相关技术人员的参考用书。

图书在版编目(CIP)数据

ArcGIS 基础操作实验教程 / 孙晓莉主编. -- 北京:
测绘出版社, 2018.8 (2023.8 重印)
全国高职高专精品教材
ISBN 978-7-5030-4159-4

Ⅰ. ①A… Ⅱ. ①孙… Ⅲ. ①地理信息系统—应用软件—高等职业教育—教材 Ⅳ. ①P208

中国版本图书馆 CIP 数据核字(2018)第 185990 号

责任编辑 雷秀丽
执行编辑 杨思遥 **封面设计** 李 伟 **责任校对** 石书贤 **责任印制** 陈姝颖

出版发行	测绘出版社	**电 话**	010—68580735(发行部)
地 址	北京市西城区三里河路 50 号		010—68531363(编辑部)
邮政编码	100045	**网 址**	www.chinasmp.com
电子邮箱	smp@sinomaps.com	**经 销**	新华书店
成品规格	184mm×260mm	**印 刷**	北京建筑工业印刷厂
印 张	8	**字 数**	197 千字
版 次	2018 年 8 月第 1 版	**印 次**	2023 年 8 月第 3 次修订印刷
印 数	3501—5000	**定 价**	23.00 元

书 号 ISBN 978-7-5030-4159-4
本书如有印装质量问题,请与我社发行部联系调换。

前 言

《ArcGIS 基础操作实验教程》是为了配合地理信息系统技术应用课堂教学而编制的实践操作配套教材，旨在培养学生使用 ArcGIS 软件进行数据采集、数据编辑处理、建库、数据查询、统计分析、制图等方面的实践应用能力，同时也为后续地图制图技术、空间分析、空间数据库技术与应用等课程的开设奠定基础。

本书主要包括以下内容：软件安装及调试、认识 ArcGIS、影像配准及矢量化、数据编辑、数据格式转换、空间数据处理、空间分析基本操作、不规则三角网（triangulated irregular network，TIN）及数字高程模型（digital elevation model，DEM）的生成与应用、ArcMap 制图、综合练习等内容。

本书的实验数据可以在测绘出版社网站（http://www. chinasmp. com）的下载中心中下载。书中使用的实验数据来自于处理后的项目数据，与生产项目进行了较好的结合；实验内容的安排充分考虑了高校开设相关课程的课时要求，避免了因实验内容过多或过少而不能更好地服务课时数的情况；除此之外，本书还具有较强的实用性和实战性，每个实验都详细列出了具体操作步骤，并在每个实验内容后设置了拓展训练，可以进一步检验学生的实际掌握情况。本书最后一个实验安排了综合练习，在课时数允许的情况下，该实验内容可以作为上机测试，检验学生的实战成果。

本书由云南国土资源职业学院孙晓莉策划、组织编写及统稿，云南国土资源职业学院和万荣及旅游职业学院杨忠祥负责审稿。其中实验一、实验二由杨忠祥编写，实验四由徐州工程学院赵然编写，实验三、实验五、实验六、实验七由孙晓莉编写，实验八由孙晓莉、和万荣共同编写，实验九由昆明冶金高等专科学校马娟编写，实验十由和万荣编写。感谢云南国土资源职业学院测绘地理信息学院院长郑毅教授在本书编写过程中提出的众多有益建议并给予鼓励。

尽管我们在编写过程中付出诸多努力，但由于作者水平有限，书中难免存在错误纰漏之处，恳请读者不吝指正。

编者

2018 年 3 月

扫码查看教学视频

目　录

实验一　软件安装及调试

一、实验目的

(1)熟悉 ArcGIS 软件安装流程。

(2)能够独立进行 ArcGIS 软件安装。

二、实验准备

ArcGIS10.0 中文版安装包。

三、ArcGIS 软件安装步骤

(一)软件安装

提示:如无特殊原因,请不要修改默认安装目录。

如果当前机器之前安装过 9.x 系列等早期版本的软件(如 ArcGIS Desktop、ArcIMS、ArcServer 等),需要先进行卸载,并清理注册表。如果卸载不干净将导致新版本无法安装,可能会出现如下错误,如图 1.1 所示。

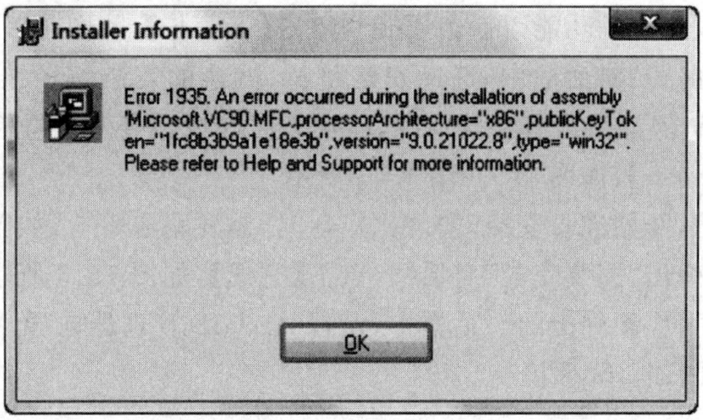

图 1.1　提示错误对话框

为了防止注册表值的长度限制导致安装失败,可点击 Windows 任务栏的【开始】→【运行】,输入"regedit",确定后打开注册表编辑器。修改注册表:

```
HKEY_LOCAL_MACHINE\System\CurrentControlSet\Control
Key:RegistrySizeLimit
Type:REG_DWORD
Value: ffffffff (4294967295)
```

如果在注册表中没有找到 RegistrySizeLimit 键,可以通过在"HKEY_LOCAL_MACHINE\System\CurrentControlSet\Control"右面窗口中新建 RegistrySizeLimit 的 DWORD 键值,并设该值为 ffffffff,如图 1.2 所示。

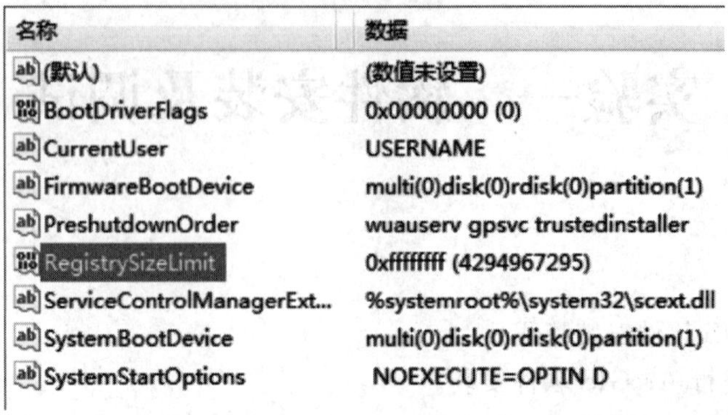

名称	数据
(默认)	(数值未设置)
BootDriverFlags	0x00000000 (0)
CurrentUser	USERNAME
FirmwareBootDevice	multi(0)disk(0)rdisk(0)partition(1)
PreshutdownOrder	wuauserv gpsvc trustedinstaller
RegistrySizeLimit	0xffffffff (4294967295)
ServiceControlManagerExt...	%systemroot%\system32\scext.dll
SystemBootDevice	multi(0)disk(0)rdisk(0)partition(1)
SystemStartOptions	NOEXECUTE=OPTIN D

图 1.2 修改注册表

如果电脑未安装过 ArcGIS 任何版本的软件，请忽略以上操作，直接从以下步骤开始操作即可。

1. 安装 ArcGIS Desktop

(1)双击 ESRI. exe，如图 1.3 所示。

(2)进入安装选择界面，点击“ArcGIS Desktop 包括简体中文语言增补包”后的【安装】，如图 1.4 所示。点击【安装】后，弹出“语言增补包安装提示”对话框(图 1.5)，点击【确定】。进入安装对话框，点击【下一步】→【下一步】即可，如图 1.6、图 1.7 所示。

图 1.3 打开 ESRI 安装包

(3)可以选择完全安装，也可以自定义安装，如果有的功能用不到就选择“自定义安装”(建议选择“完全安装”，以免有的功能以后会用到)，点击【下一步】，如图 1.8 所示。

(4)在“选择安装路径”对话框中，选择安装路径，默认的安装路径在 C 盘，可以根据需要修改为 D 盘或 E 盘等，但如果没有特殊情况，建议不要修改路径。点击【下一步】，在弹出的对话框中，仍然点击【下一步】，如图 1.9～图 1.11 所示。

(5)点击【下一步】，开始准备安装，安装比较耗时，需要耐心等待，如图 1.12 所示。

(6)安装完成后，弹出“安装完成”对话框，点击【完成】，如图 1.13 所示。

(7)点击【完成】后，在新弹出的对话框中，设置 ArcGIS 管理器向导，并根据需要选择产品及许可，如图 1.14、图 1.15 所示。

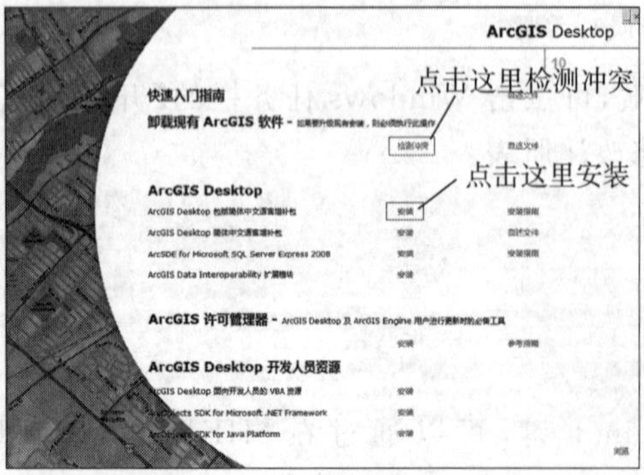

图 1.4 安装界面对话框

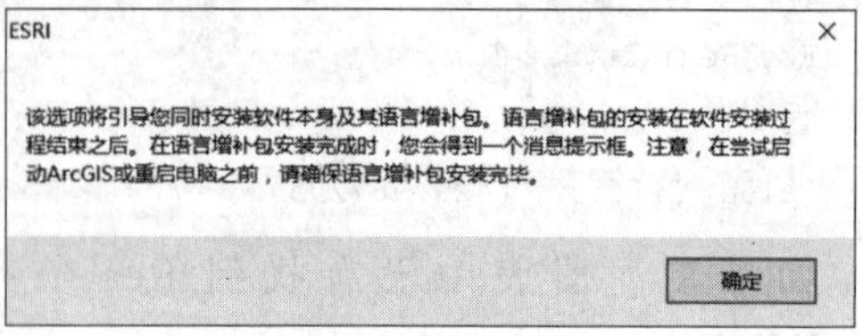

图 1.5 语言增补包提示对话框

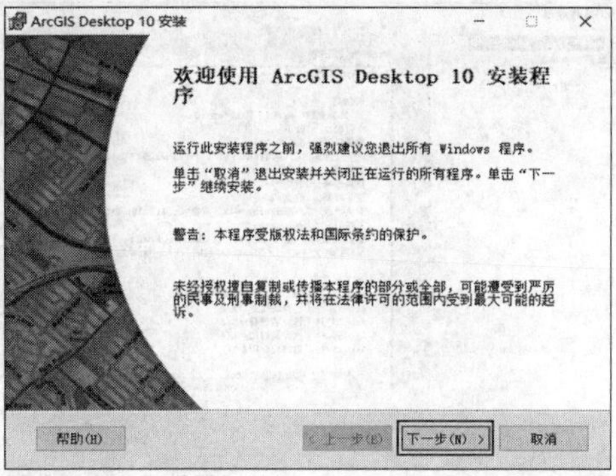

图 1.6　安装对话框

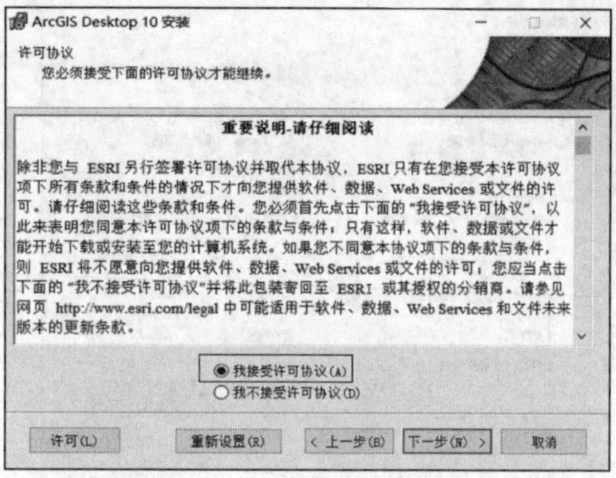

图 1.7　接受许可协议对话框

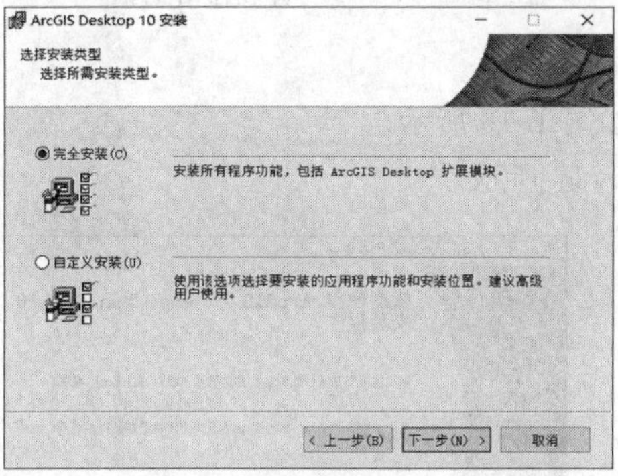

图 1.8　选择安装类型对话框

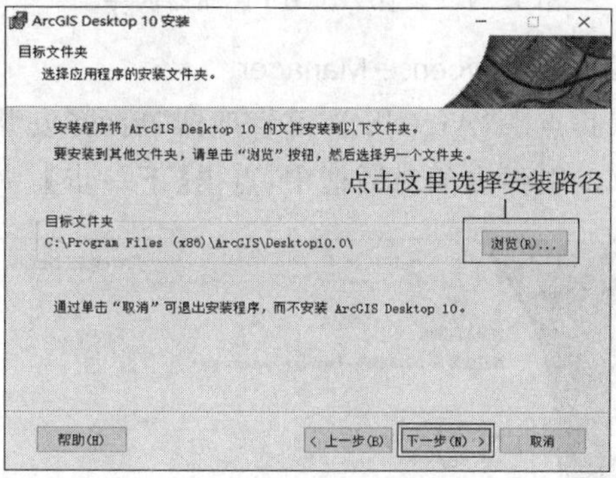

图 1.9　选择安装路径对话框

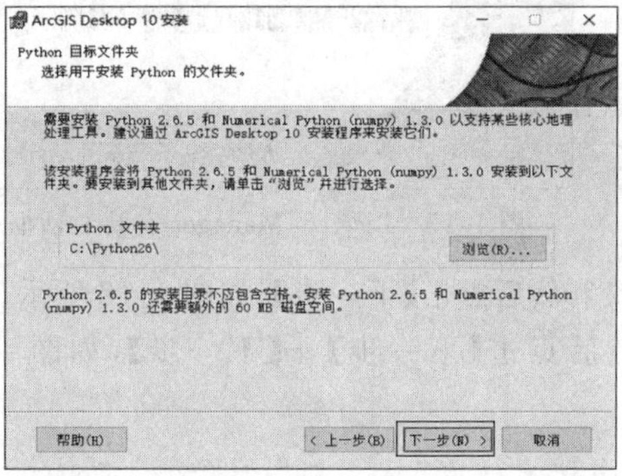

图 1.10　选择用于安装 Python 文件的路径

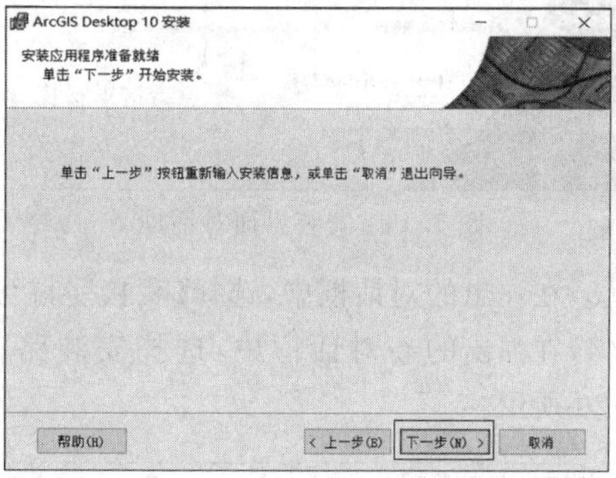

图 1.11　准备安装对话框

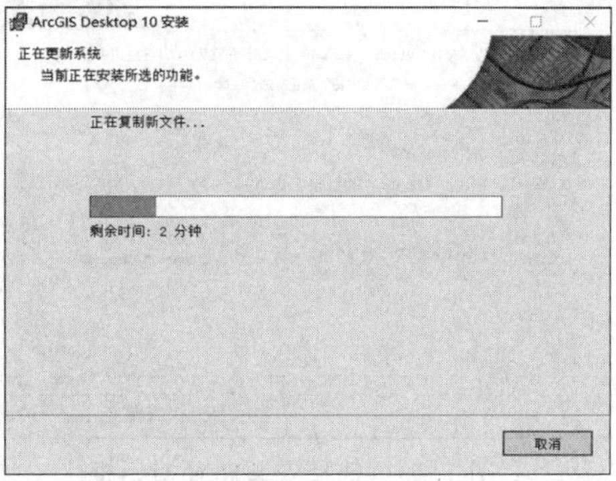

图 1.12　安装过程

图 1.13　安装完成对话框

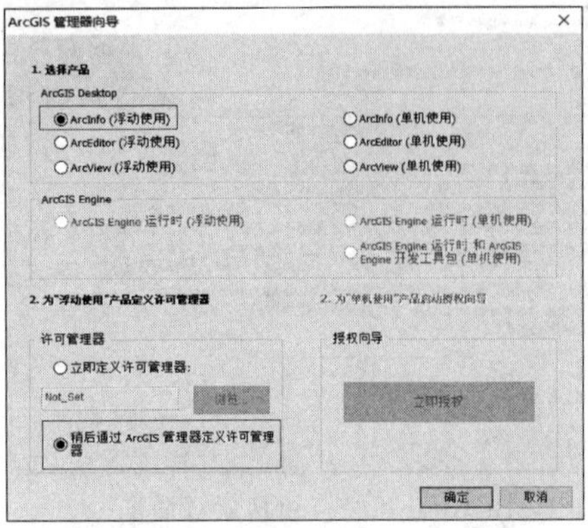

图 1.14 设置 ArcGIS 管理器向导

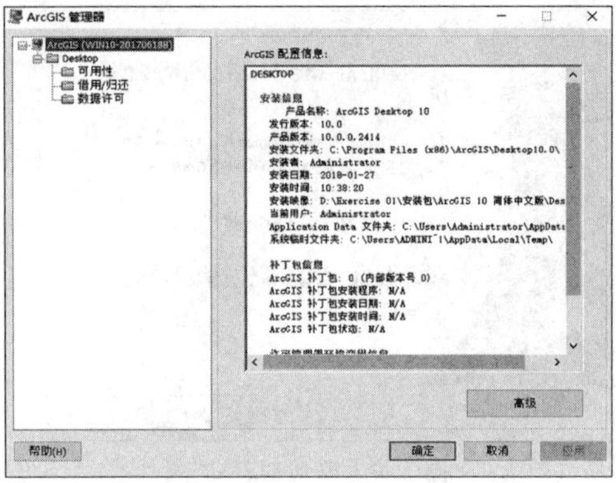

图 1.15 ArcGIS 管理器对话框

2. 安装 License Manager

(1)点击“ArcGIS 许可管理器”后的【安装】,如图 1.16 所示。

(2)在弹出的对话框中,点击【下一步】,如图 1.17 所示。

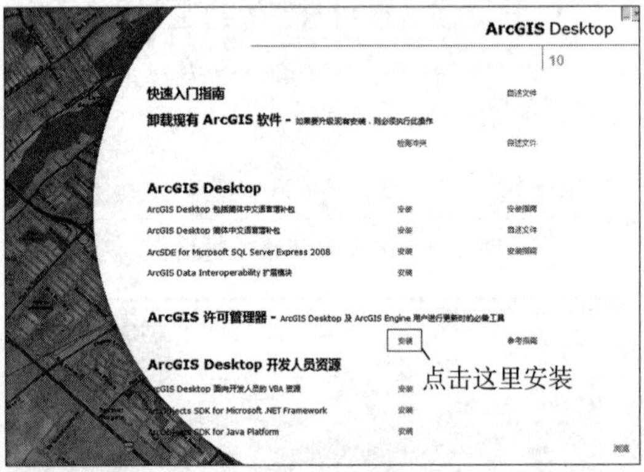

图 1.16 安装界面对话框

图 1.17 License Manager 安装对话框

(3)在弹出的对话框中,选择【我接受许可协议】,然后点击【下一步】,如图 1.18 所示。

(4)在弹出的新对话框中,选择安装路径,然后点击【下一步】→【下一步】,如图 1.19、图 1.20 所示。

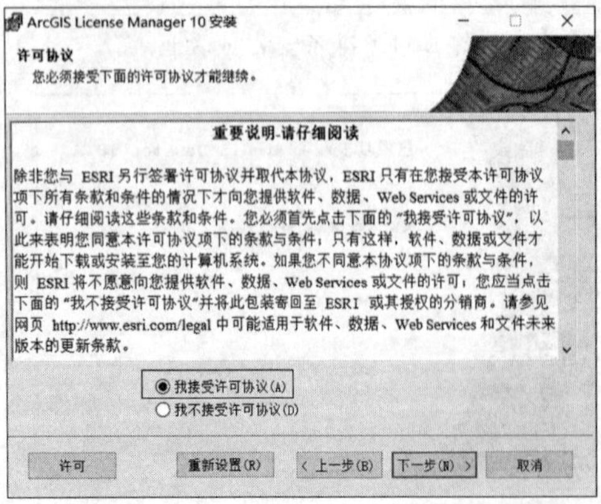

图 1.18 接受许可协议对话框

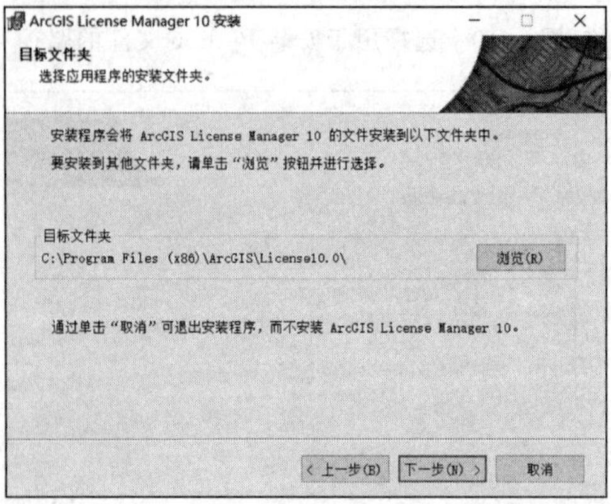

图 1.19 选择安装路径对话框

(5)准备进行安装，此过程运行较快，安装完成后，弹出完成对话框，点击【完成】，如图1.21、图1.22所示。

(6)在弹出的“ArcGIS许可服务器管理器”中，点击左侧【启动/停止许可服务】，再点击右侧【停止】，最后点击【确定】，如图1.23所示。

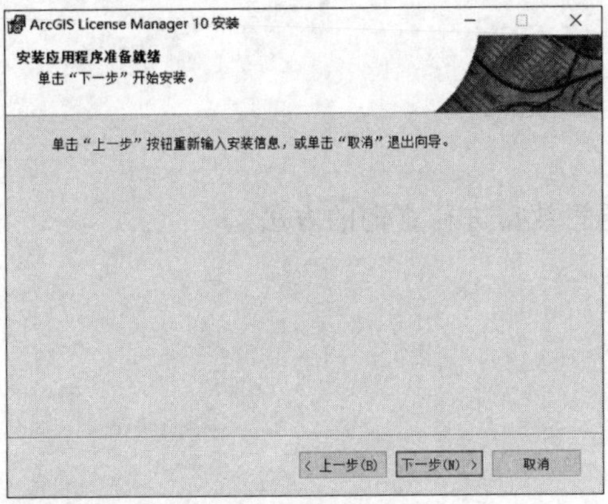

图1.20　准备安装对话框

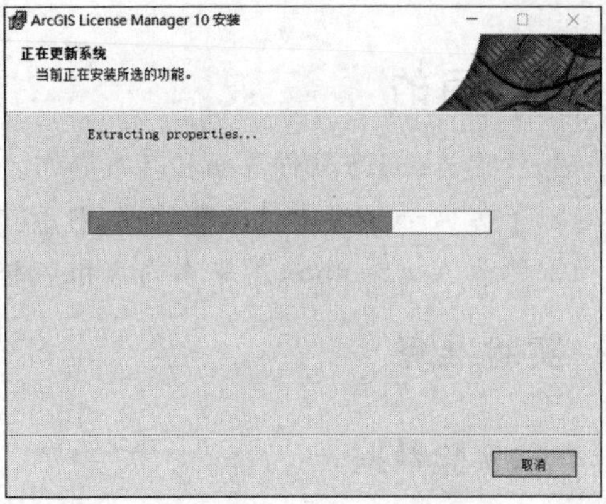

图1.21　安装过程

图1.22　安装完成

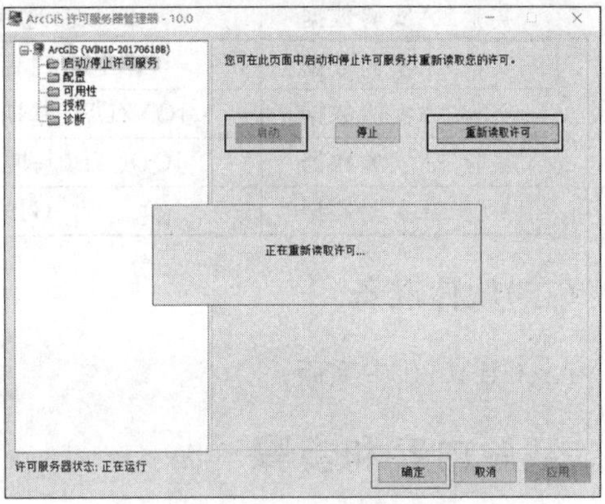

图1.23　重新读取许可对话框

(二)软件冲突问题

当同一台计算机中除了安装ArcGIS软件，还安装了别的软件时，如ERDAS软件等，软件与软件之间的授权许可(License)可能会存在冲突的情况，使得每次使用软件前都需要调试授权许可才能使用。建议当使用某一个软件时，可以启动该软件的授权许可，当别的软件不使用时，可暂时停止授权许可。这是解决软件之间因为授权许可冲突导致不能有效打开的方法之一。

四、拓展训练

通过本实验的学习，能够独立完成ArcGIS软件的安装。

实验二 认识 ArcGIS

一、实验目的

(1)熟悉 ArcGIS 软件界面和基本操作。

(2)了解 ArcCatalog 的功能特点,熟悉其对空间数据进行查询的方法。

(3)熟悉 ArcToolbox 的基本内容和基本操作。

二、实验准备

(一)实验数据

存储路径	名称	格式	图层类型
实验二\实验数据	DMZJ(地名注记)	shp	注记
实验二\实验数据	GCZJD(高程注记点)	shp	点图层
实验二\实验数据	JQXZDW(基期线状地物)	shp	线图层
实验二\实验数据	JQDLTB(基期地类图斑)	shp	面图层
实验二\实验数据	G48	tif	栅格数据

(二)软件准备

ArcGIS10.0 中文版。

三、实验内容和步骤

(一)认识 ArcMap

1. 认识 ArcMap 的窗口组成

首先启动 ArcMap,执行菜单命令:【开始】→【所有程序】→【ArcGIS】→【ArcMap】,打开 ArcMap。当出现 ArcMap 对话框时,选中【空白地图】单选按钮,然后点击【确定】,如图 2.1 所示。ArcMap 的窗口主要由主菜单、标准工具条、内容列表、地图显示窗口、数据显示工具和状态栏 6 部分组成,如图 2.2 所示。

1)主菜单

主菜单主要包括文件、编辑、视图、书签、插入、选择、地理处理、自定义、窗口和帮助 10 个子菜单,如图 2.3 所示。

2)标准工具条

标准工具条内共有 20 个按钮,前面 10 个按钮为通用的软件功能按钮,后面 10 个依次为加载数据、设置显示比例、调用编辑工具、打开内容列表窗口、打开目录窗口、打开搜索窗口、打开 ArcToolbox、打开 Python 代码编辑窗口、打开模型构建器窗口和调用实时帮助,如图 2.4

所示。

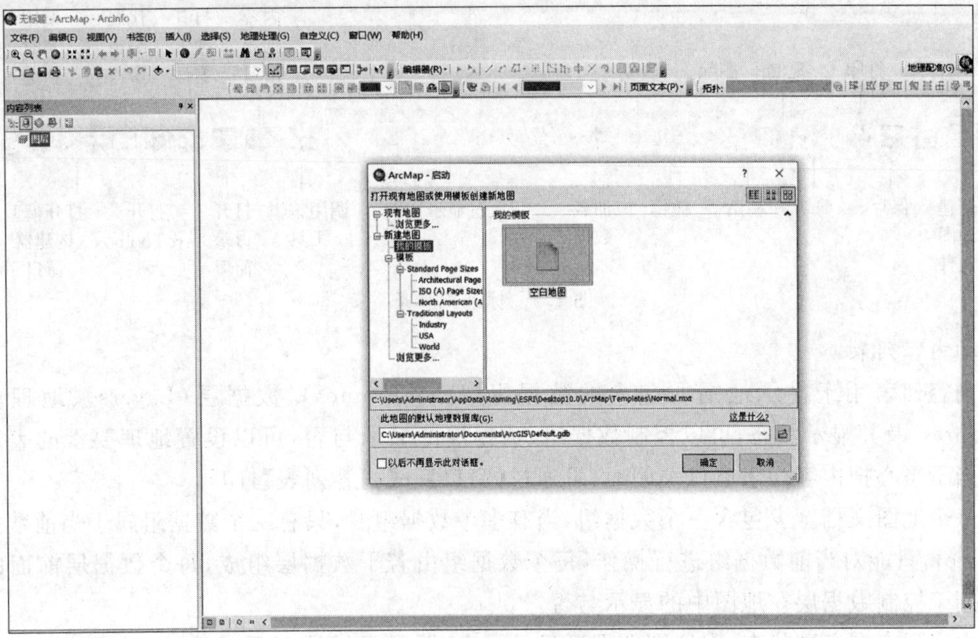

图 2.1　打开 ArcMap 对话框

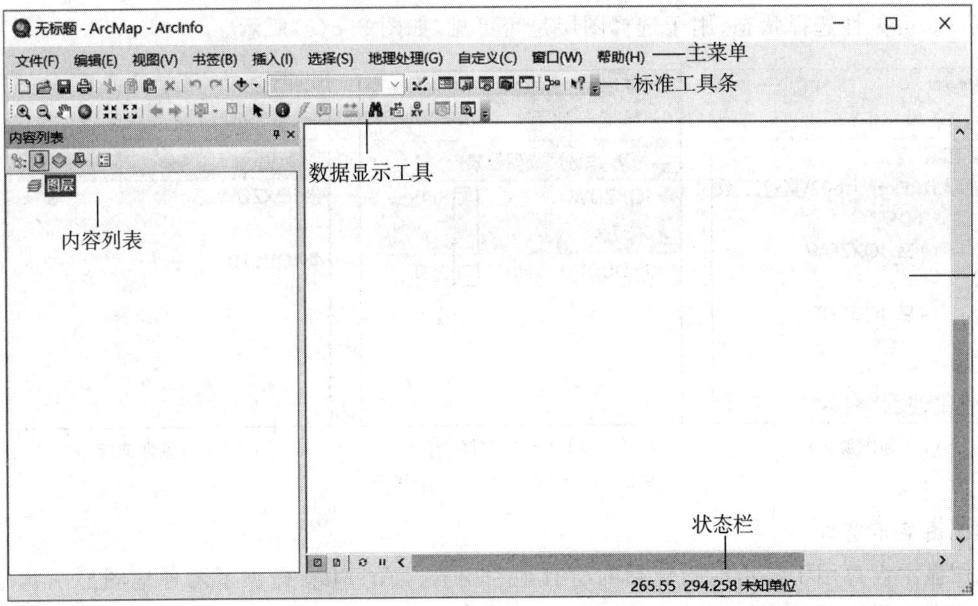

图 2.2　ArcMap 窗口组成

图 2.3　主菜单

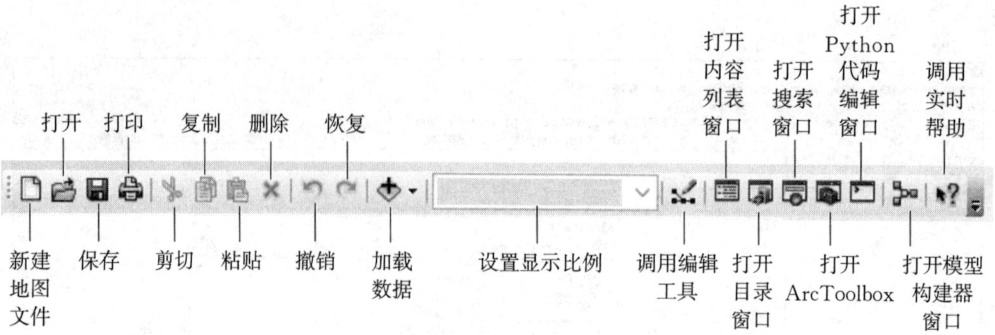

图 2.4　标准工具条

3)内容列表

内容列表用于显示地图所包含的数据组(Data Frames)、数据层(Layers)、地理要素(Features)及其显示状态,可以控制数据组、数据层的显示与否,可以设置地理要素的表示方法。当不小心把内容列表窗口关闭时,可通过【窗口】→【内容列表】打开。

一个地图文档至少包含一个数据组,当有多个数据组时,只有一个数据组属于当前数据组(Active),只能对当前数据组进行操作,每个数据组由若干数据层组成,每个数据层前面的小方框用于控制数据层在地图中的显示与否。

内容列表有三种状态:①地图数据源显示状态,除了显示地理要素外,还说明数据的存储位置和组织方法,如图 2.5(a)所示;②数据选择状态,用于控制数据层的选择与否,如图 2.5(b)所示;③可见性选择状态,用于选择图层是否可见,如图 2.5(c)所示。

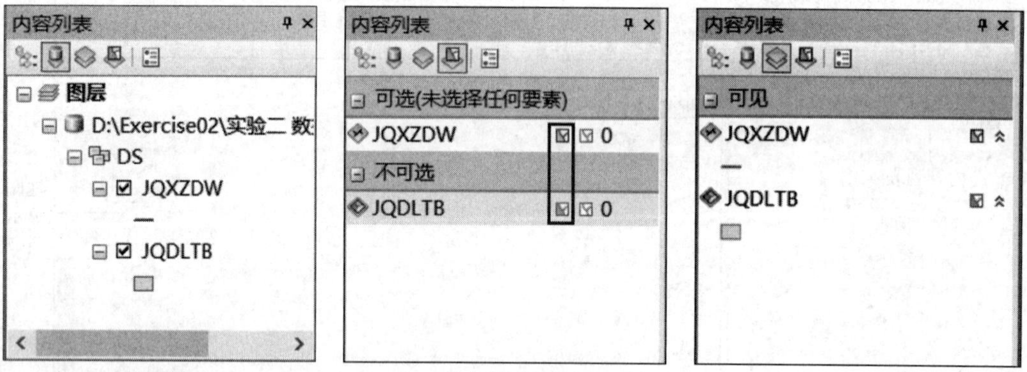

(a) 地图源显示　　(b) 数据选择　　(c) 可见性选择

图 2.5　内容列表的三种状态

4)地图显示窗口

地图显示窗口用于显示地图包括的所有地理要素。ArcMap 提供了两种地图显示状态:数据视图和布局视图,如图 2.6、图 2.7 所示。在数据视图中,可以对数据进行查询、检索、编辑和分析等操作,但不包括地图辅助要素;在布局视图中,可以加载图名、图例、比例尺、指北针等地图辅助要素,可借助输出显示工具完成大量在数据视图状态下可以完成的操作。两种视图方式可通过显示窗口左下方的两个按钮随时切换。数据视图和布局视图模式对应了不同的工具条,数据显示工具条仅对数据进行放大、缩小等操作;而布局输出显示工具条则对整个图廓要素进行放大、缩小等操作。

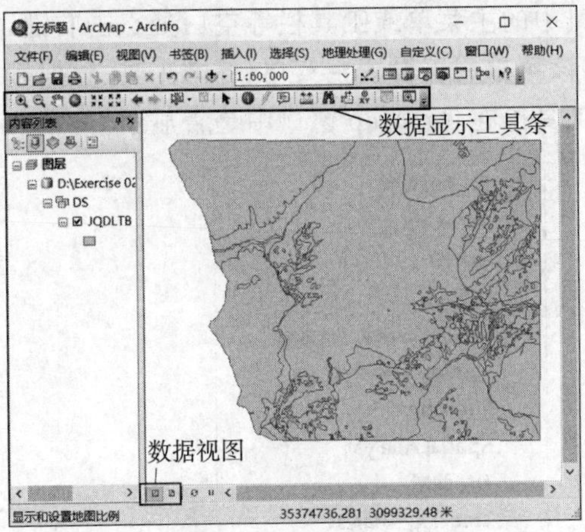

图 2.6　数据视图

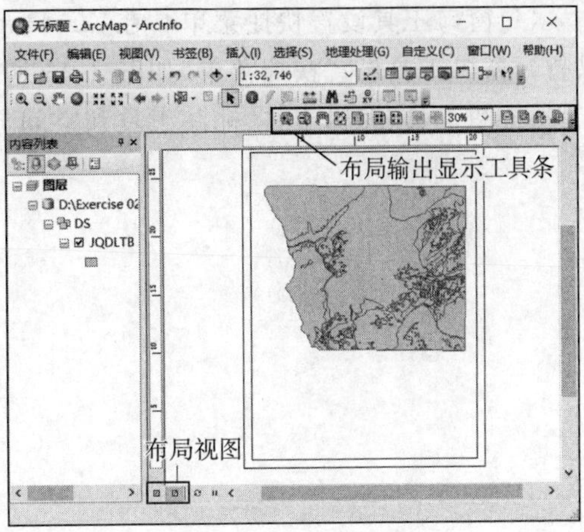

图 2.7　布局视图

5)快捷菜单

在 ArcMap 窗口的不同部位点击鼠标右键，会弹出不同的快捷菜单。常用的快捷菜单主要有以下四种：

(1)数据组操作快捷菜单。在内容列表的当前数据组上或者在数据视图中点击右键，可打开数据组操作快捷菜单，如图 2.8 所示。该菜单用于对数据组及其包含的数据层进行操作。

(2)数据层操作快捷菜单。在内容列表的任意数据层上点击右键，可打开数据层操作快捷菜单，如图 2.9 所示。该菜单用于对数据层及要素属性进行各种操作。

图 2.8　数据组操作快捷菜单

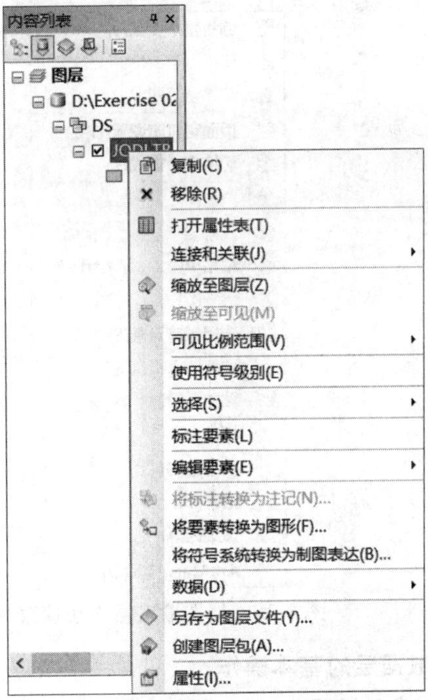

图 2.9　数据层操作快捷菜单

(3)地图输出操作快捷菜单。在布局视图中点击右键，可打开地图输出操作快捷菜单，如图 2.10 所示。该菜单用于设置输出地图的图面内容、图面尺寸和图面整饰等。

(4)窗口工具设置快捷菜单。在 ArcMap 窗口中的主菜单或工具栏等空白处点击右键,可以打开窗口工具设置快捷菜单,如图 2.11 所示。该菜单用于设置主菜单、标准工具、数据显示工具、绘图工具、编辑工具、标注工具和空间分析工具等在 ArcMap 窗口中是否显示。

图 2.10 地图输出操作快捷菜单

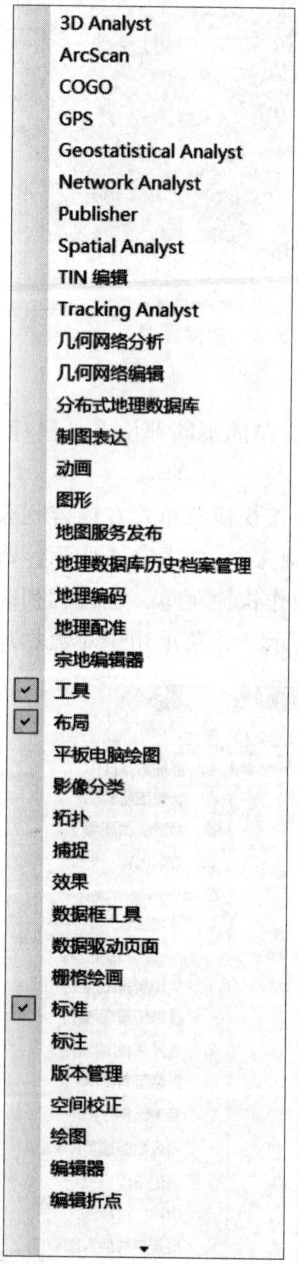

图 2.11 窗口工具设置快捷菜单

2. 数据层的基本操作

1)加载数据层

(1)直接在新建的地图文档中加载数据层。

点击主菜单中的【文件】→【添加数据…】,打开“添加数据”对话框,确定要加载数据的类型、位置等。选中要加载的数据层，将数据层加载到新地图中。或者通过点击标准工具条中的按钮，直接加载要显示的数据层。除此之外，还可以在内容列表中，选中【图层】，然后点击鼠标右键，在弹出的快捷菜单中点击【添加数据…】，加载所需要的数据层，加载结果如图 2.12 所示。

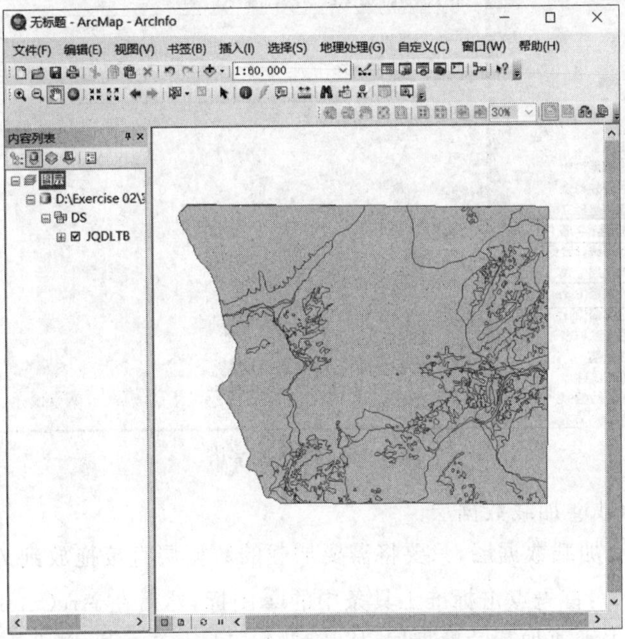

图 2.12　ArcMap 加载数据层

在 ArcMap 中加载影像或者地图时，如果周边出现黑色区域，可通过相应设置进行处理。操作步骤为：选中影像，点击鼠标右键选择【属性…】，在“图层属性”对话框中点击【符号系统】选项，选择【RGB 合成】，勾选【显示背景值(B)：(R,G,B)】，背景值默认为无颜色，点击【确定】，如图 2.13 所示；如果影像是灰度图像，则在【符号系统】选项中选择【拉伸】，同样将背景值设为无颜色，如图 2.14 所示。

如果在对影像进行放大时出现消失的情况，进行设置的操作步骤为：在 ArcCatalog 中，选中影像，右击鼠标选择【构建金字塔(Pyramid)】。或者在 ArcToolbox 中选择【数据管理工具】→【栅格】→【栅格属性】→【构建金字塔(Pyramid)】。另外，还可以在工具箱中打开“批量构建金字塔”工具的界面，可以处理不在同一个文件夹中的多个影像文件，如图 2.15 所示。

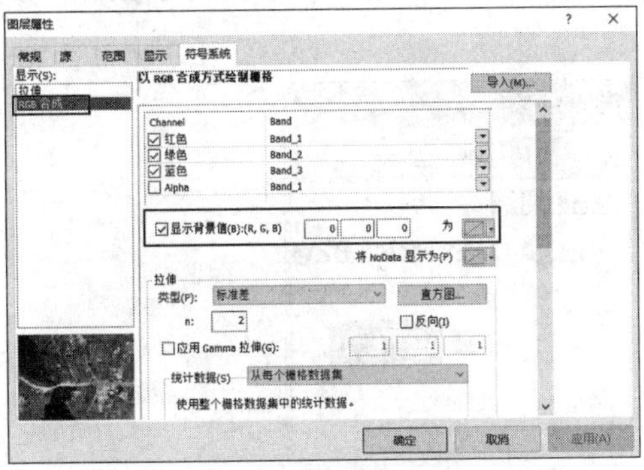

图 2.13　影像 RGB 合成对话框

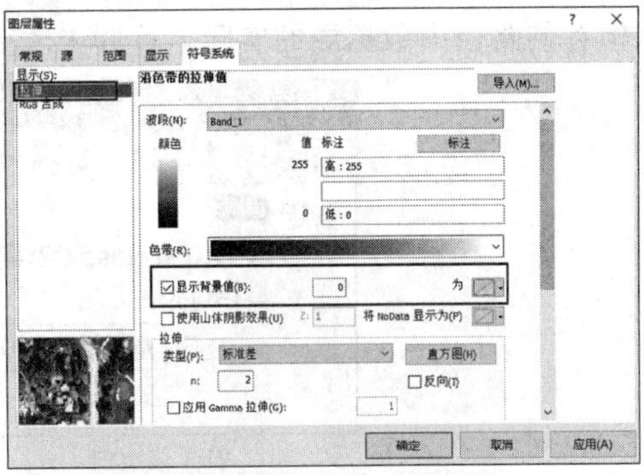

图 2.14　影像拉伸对话框

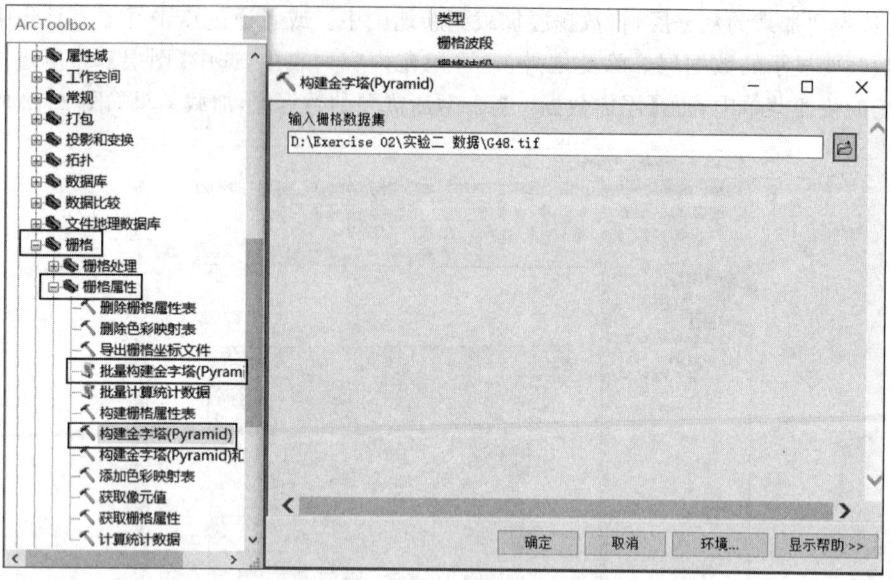

图 2.15　构建金字塔

(2)使用 ArcCatalog 加载数据层。

使用 ArcCatalog 加载数据层,只要将需要加载的数据层直接拖放到 ArcMap 的图形显示器中即可,具体操作为:首先点击标准工具条中的图标,然后在 ArcCatalog 右侧目录中浏览要加载的数据层,点击需要加载的数据层,拖放到 ArcMap 窗口中,完成数据层的加载。

2)数据层的基本操作

(1)数据层更名。

在 ArcMap 内容列表中,数据组包含的各个数据层及数据层包含的一系列地理要素,都有相应的描述字符与之对应。在默认情况下,添加进地图的数据层是以其数据源的名字命名的,而地理要素的描述则是要素类型字段的取值。由于这些命名影响用户对数据的理解和地图输出时的图例,用户可以根据自己的需要赋予数据层和地理要素更易识别的名字。如果要改变数据层的名字,操作步骤为:首先在需要更名的数据层上点击左键,选定数据层,然后再次点击左键,数据层名称进入可编辑状态,输入新名称即可,如图 2.16 所示。另外,地理要素的更名方法与数据层的更名方法一样。除此之外,也可以选中数据层,双击鼠标左键,在弹出的对话框中进行修改,然后点击【确定】即可。需要注意,此操作仅在 ArcMap 中进行了数据层的更名,但存储路径中数据层的实际名称并未改变。

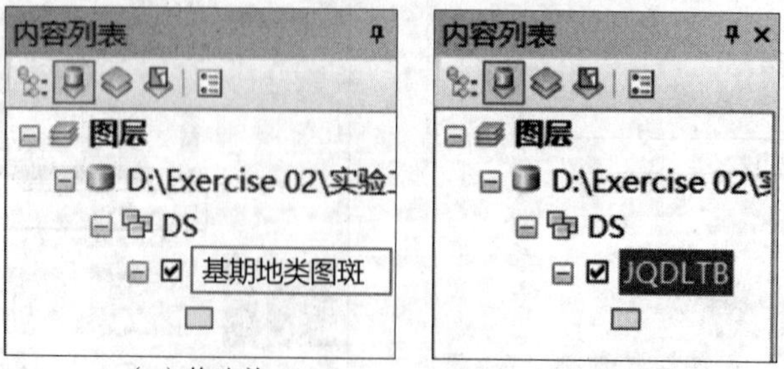

(a) 修改前　　(b) 修改后

图 2.16　数据层名字修改前后对比

(2)改变数据层顺序。

数据层在内容列表中的顺序决定了数据层中地理要素在地图中显示的上下叠加关系，直接影响输出地图中的效果表达。因此，为了便于表达，数据层的排列顺序需要遵循以下四条准则：①按照点、线、面要素类型依次由上至下排列；②按照要素重要性程度的高低依次由上至下排列；③按照要素线划的粗细依次由上至下排列；④按照要素色彩的浓淡程度依次由上至下排列。调整数据层顺序，只需要将鼠标指针放在需要调整的数据层上，按住鼠标左键拖动到新位置，释放左键即可完成(图 2.17)。

图 2.17　按照排列顺序显示数据层

(3)数据层的复制与移除。

在 ArcMap 中，同一个数据文件可以被一个数据组的多个数据层引用，也可以被多个数据组引用，可通过数据层的复制实现。打开一个包含点、面要素的地图文档(图 2.18)。其中有两个数据层，一个名为 Layer1，另一个名为 Layer2。现将 Layer1 中的数据层拷贝到 Layer2 数据组中。在内容列表中点击左键，选定数据层，再点击右键打开快捷菜单，点击【复制】。鼠标点中 Layer2 点击右键，打开快捷菜单，点击【粘贴图层】，完成粘贴(图 2.18)。

移除图层只需在该图层上点击右键，在快捷菜单上选择【移除】即可。按住【Shift】键或【Ctrl】键可以同时选择多个图层进行操作。但这里的移除操作仅仅是将某个数据层从当前地图中移除，仅删除了它在当前地图中的引用，但该数据本身并没有被删除，它依然存在于原来所在的路径下。

(4)数据层的坐标定义。

ArcMap 中的数据层大多是具有地理坐标系统的空间数据，创建新地图并加载数据层时，第一个被加载的数据层的坐标系统被作为该数据组的默认坐标系统，随后被加载的数据层，无论其原有的坐标系如何，只要满足坐标转换的要求，都将被自动转换为该数据组的坐标系统，但不会影响数据层所对应的数据本身。对于没有足够坐标信息的数据层，一般由操作人员提供坐标信息。若没有提供坐标信息，ArcMap 则按默认办法处理，首先判断数据层的 X 坐标是否在 $-180 \sim 180$ 之间，Y 坐标是否在 $-90 \sim 90$ 之间，若判断为真，则按照大地坐标来处理；若判断不为真，则认为是简单的平面坐标系统。

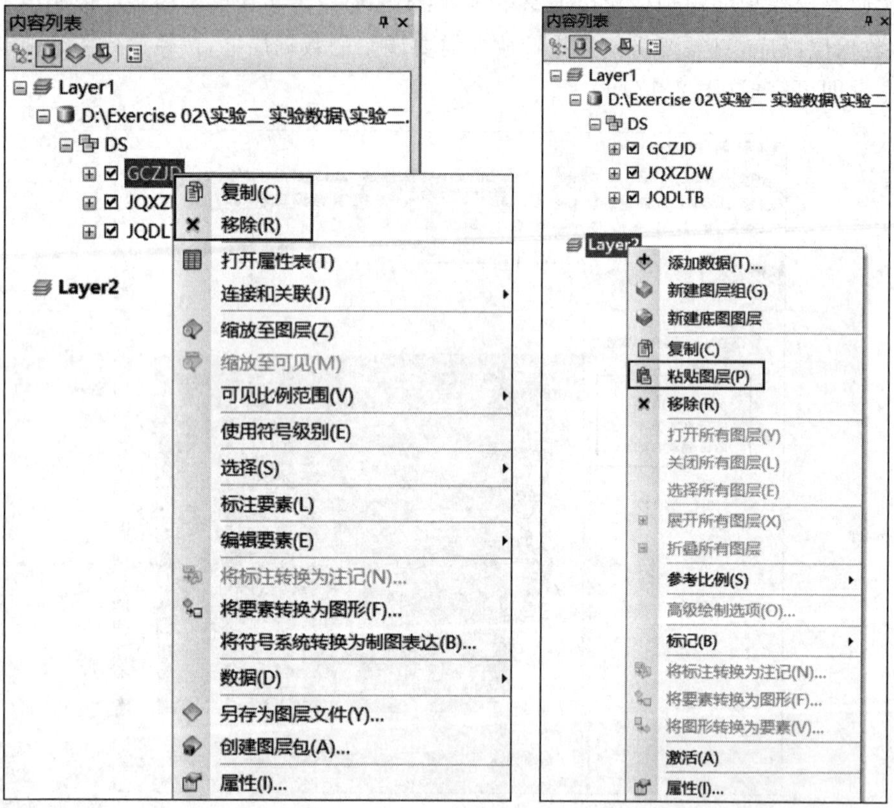

（a）复制和移除　　　　（b）粘贴图层

图 2.18　数据层的复制与移除

若不知道所加载数据层的坐标系统，可以通过数据组属性或者数据层属性进行查阅，并进一步根据需要来修改：①在地图显示窗口中，点击鼠标右键打开快捷菜单，选择【数据框属性】选项，如图 2.19 所示；②在弹出的对话框中，选择【坐标系】选项卡，该选项卡上显示了该地图数据组的坐标信息，然后可以选择【预定义】，将看到系统所定义的包含地理坐标系和投影坐标系的地图投影类型，可根据需要搜索地图投影类型，然后选择投影类型，点击【确定】按钮，数据组的所有数据层的坐标系统将变换为新的类型；③修改坐标系统参数，点击【修改…】或【导入…】按钮，当参考坐标参数来源于已有数据时，可选择【导入…】，数据组中所有数据层的坐标系统将与已有数据的坐标系统保持一致，当参考坐标参数来源不能使用已有数据的坐标参数或者没有可参考的数据时，则可选择【修改…】或【新建】，然后选择所需要的地图参数并导入到当前地图文档中；④设置地图显示参数，在“数据框属性”对话框中，点击【常规】选项卡，设置相应的地图显示单位、显示参考比例和旋转角度等，然后点击【确定】，应用设置的地图参数，如图 2.20 所示。

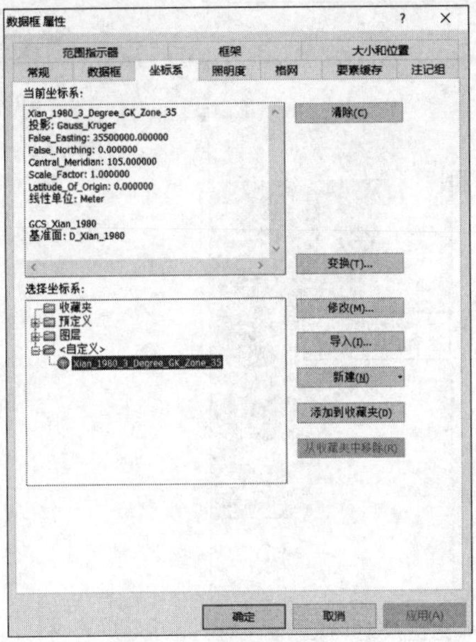

图 2.19 “数据框属性”对话框

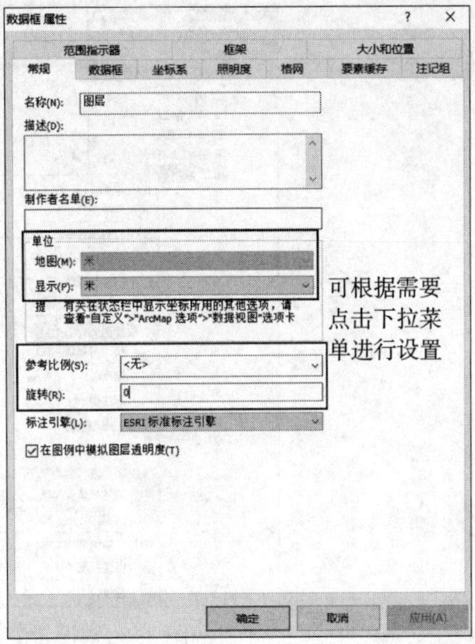

图 2.20 设置地图显示参数

(5)数据层比例尺设置。

一般情况下,无论地图显示的比例尺多大,只要在 ArcMap 内容列表中勾选数据层,该数据层就始终处于显示的状态。如果地图比例尺非常小,就会因为地图内容过多而无法很好地进行清楚的表达。如果照顾小比例尺地图,放大比例尺时可能会出现图画内容太少或要素线划不够精细的缺点。为了克服这个缺点,ArcMap 提供了设置地图显示比例尺范围的功能。任何一个数据层都能根据其本身内容特点来设置它的最小显示比例尺和最大比例尺。若地图显示比例尺小于数据层的最小显示比例尺或大于最大显示比例尺,数据层则不显示在地图窗口中。选中数据层,点击鼠标右键,打开“图层属性”对话框,进行绝对比例尺的设置,如图 2.21 所示;选中数据层,点击鼠标右键,选择【可见比例范围】,进行相对显示比例尺的设置,如图 2.22 所示。另外,还可以选中【图层】,然后点击鼠标右键选择【属性…】,打开“数据框属性”对话框,选择【数据框】选项卡,点击“范围”选项下的下拉菜单。例如,当选择固定比例时,可输入需要的比例尺(如 1∶10 000),这时加载到 ArcMap 中的数据则显示为 1∶10 000 的固定比例尺,不能进行放大、缩小操作,只能进行平移操作,如图 2.23 所示。

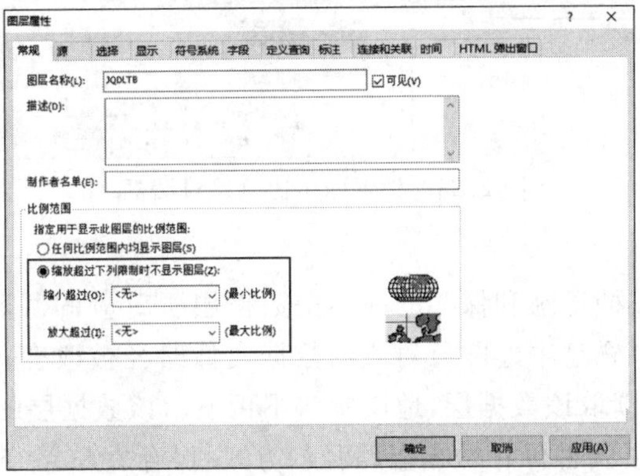

图 2.21 设置绝对显示比例尺对话框

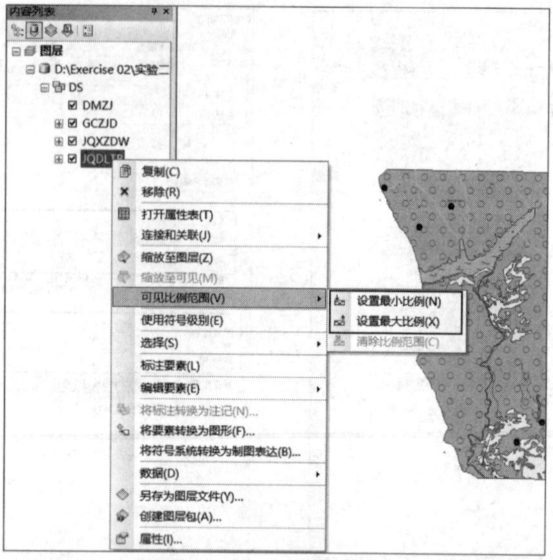

图 2.22 设置相对显示比例尺对话框

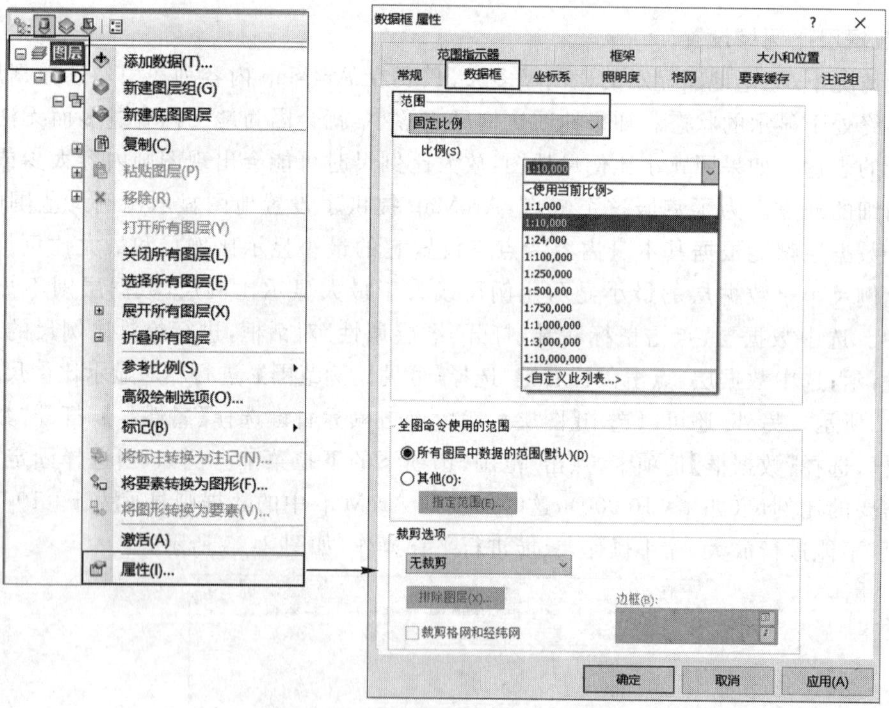

图 2.23 设置固定比例尺对话框

(6)数据层的保存。

由于 ArcMap 地图文档记录和保存的并不是数据层所对应的源数据,而是各数据层对应的源数据路径信息。如果磁盘中地图所对应的数据文件路径被改变,系统会提示用户指定该数据的新路径,或者忽略读取该数据层,地图中将不再显示该数据层的信息。为了有效地解决这个问题,ArcMap 提供了两种保存数据层路径的方式:保存完整路径和保存相对路径。同时还可以编辑地图文档中数据层所对应的源数据。

例如，保存一个数据层，可以使用前面的方法创建一个"空白新地图"文档，再点击【添加数据…】或✚按钮添加多个图层。具体步骤如下：①在 ArcMap 窗口主菜单中，点击【文件】→【地图文档属性】命令；②在打开的对话框中勾选【存储数据源的相对路径】，则保存为相对路径。若不需要，也可取消勾选。最后点击【确定】或【应用】即可，如图 2.24 所示。

若未使用存储数据源的相对路径，当数据源的路径发生变化时，ArcMap 中的数据层将出现红色的"感叹号"，这时可使用【修复数据源…】重新加载所需要的数据进行修复，当多个数据层的路径一样时，修复其中的一个数据层，其他的数据层也同时被修复，如图 2.25 所示。

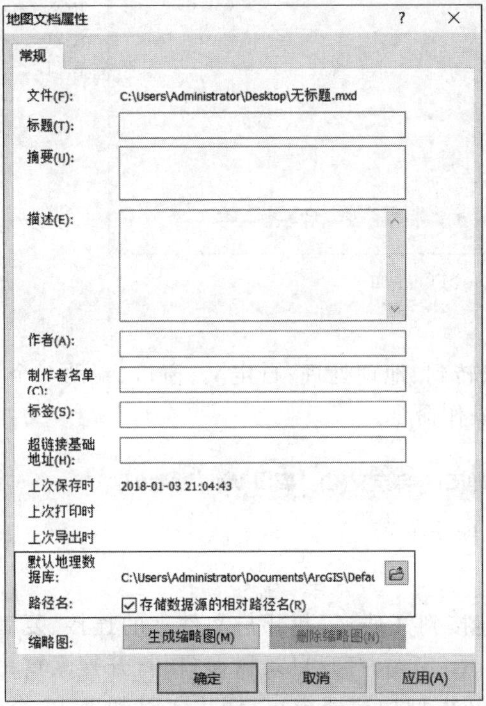

图 2.24　保存路径示意

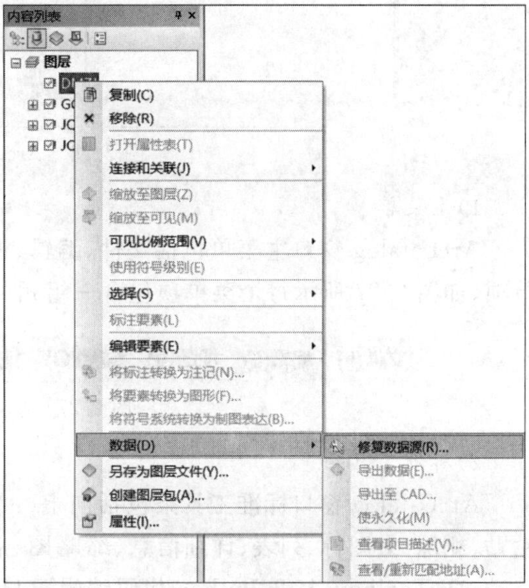

图 2.25　修复数据源

需要特别说明的是：保存的地图文档后缀名为 mxd，它所存储的内容仅仅是对地图图层、数据、打印布局等的描述，包括数据的路径信息、图层顺序、各个图层的样式等，但它并不包含数据本身。所以，在保存地图时，建议将地图文档和数据层的源数据等存入同一个文件夹，并将存储路径设置为相对路径，以方便后续地图使用。在进行拷贝时，应将地图文档、数据等内容一起拷贝，如果仅拷贝地图文档，则会由于找不到数据，使得地图文档不能有效地显示，影响地图使用。

(二)认识 ArcCatalog

ArcCatalog 主要用于定位、浏览、搜索、组织和管理空间数据。利用 ArcCatalog 还可以创建和管理空间数据库，定制和应用元数据，从而大大简化数据的组织、管理和维护工作。

1. 认识 ArcCatalog 的窗口界面

ArcCatalog 窗口主要由主菜单、标准工具条、地理工具条、目录树、内容浏览窗口构成，如图 2.26 所示。

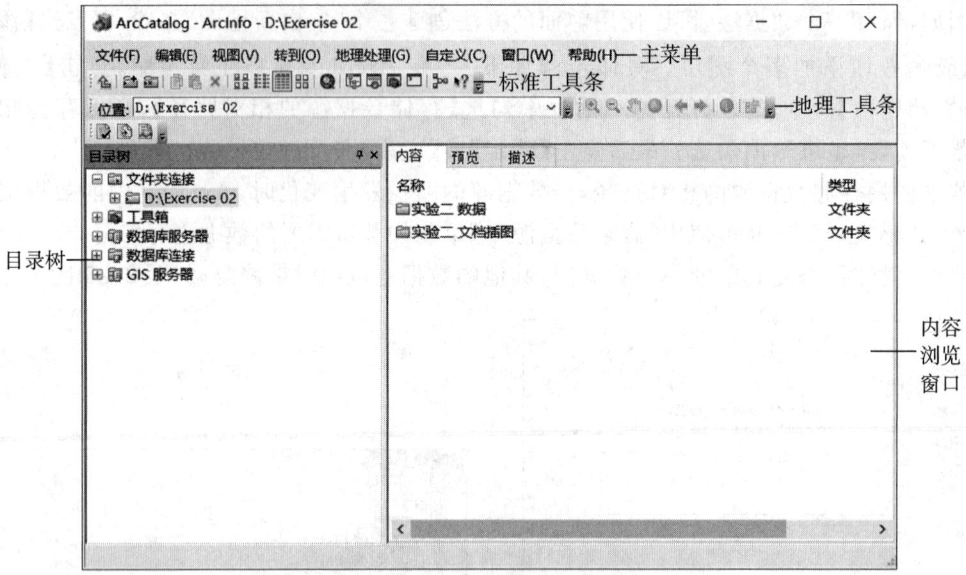

图 2.26 ArcCatalog 窗口界面

1)主菜单

ArcCatalog 窗口主菜单包括文件、编辑、视图、转到、地理处理、自定义、窗口、帮助 8 个菜单项，如图 2.27 所示每个菜单项包含一组相关的操作命令。

图 2.27 ArcCatalog 主菜单

2)标准工具条

ArcCatalog 窗口标准工具条包括向上一级、连接到文件夹、断开与文件夹的连接、复制、粘贴、删除、大图标、列表、详细信息、缩略图、启动 ArcMap、打开目录树窗口、打开搜索窗口、启动 ArcToolbox、打开 Python 代码编辑窗口、打开模型构建器窗口、调用实时帮助 17 个功能，如图 2.28 所示。

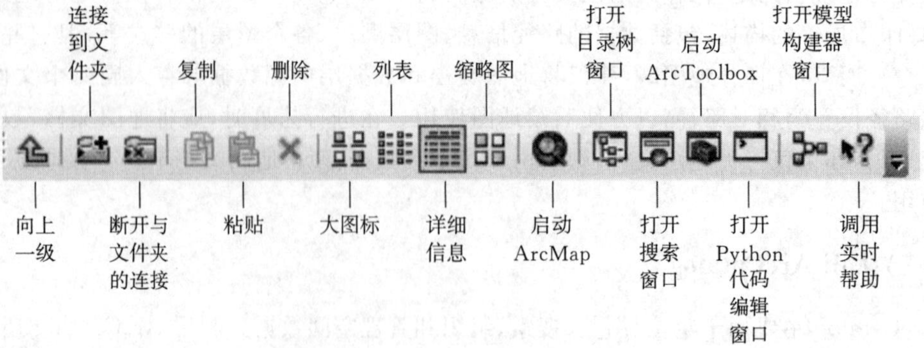

图 2.28 ArcCatalog 标准工具条

3)地理工具条

ArcCatalog 窗口地理工具条包括放大、缩小、平移、全图、返回上一视图、转至下一视图、识别、创建缩略图 8 个功能，如图 2.29 所示。

4)目录树

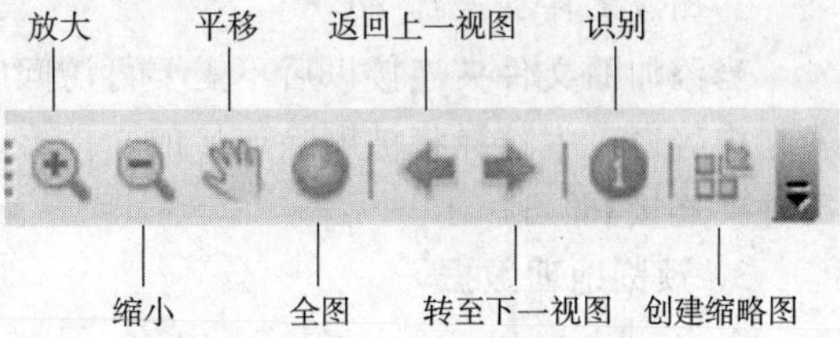

图 2.29　ArcCatalog 地理工具条

目录树位于 ArcCatalog 窗口左侧,其可帮助用户组织和管理文件夹(有时称为“工作空间”)和地理数据库中的内容。信息项目包括地图文档、地理处理模型和工具箱及基于文件的数据集(如图层文件、影像文件等)。通过目录树面板,还可以与地理信息系统服务器、共享地理数据库和其他服务建立连接。

5)内容浏览窗口

在目录树中选定相应的内容进行浏览。

2. 文件夹连接

文件夹连接是指建立与存取数据所在文件夹的联系,便于存取数据。首次启动 ArcCatalog 时,会发现目录树中包含了本机硬盘上的目录,如果所使用的数据不在指定的文件夹中,可通过文件夹连接,添加数据库连接和文件类型,以及隐藏暂时不需要的数据源,建立自己的空间数据目录。

1)添加文件夹连接

添加文件夹连接,可以设置经常访问的数据连接位置,方便访问。具体操作步骤如下:

在 ArcCatalog 窗口左侧目录树中,选择【文件夹连接】,点击鼠标右键,在弹出的快捷菜单中点击【连接到文件夹】,然后选择需要进行连接的文件夹,点击【确定】,即可建立文件夹连接,所选择的文件夹出现在文件夹栏。除此之外,还可以在内容窗口的空白处点击鼠标右键,点击【连接到文件夹】。当再次打开 ArcCatalog 时,之前所建立的文件夹连接仍然存在,可直接访问该文件夹连接下所存储的空间数据,并对其进行相应的操作,如图 2.30 所示。

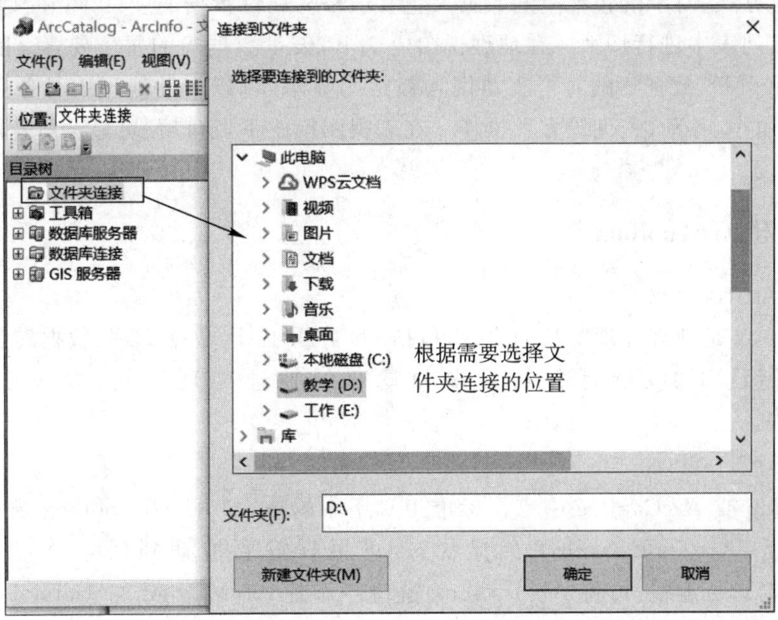

图 2.30　添加文件夹连接

2)删除文件夹连接

当添加的文件夹连接以后不需要再访问时，可删除文件夹连接。操作步骤为：在目录树或者在内容窗口中选择将被删除连接的文件夹，点击鼠标右键，在弹出的快捷菜单中点击【断开文件夹连接】即可。

3. 预览地理数据

ArcCatalog 有三个选项卡：内容、预览和描述。每一个选项卡提供唯一一种查看 ArcCatalog 目录树中项目内容的方式，如图 2.31 所示。

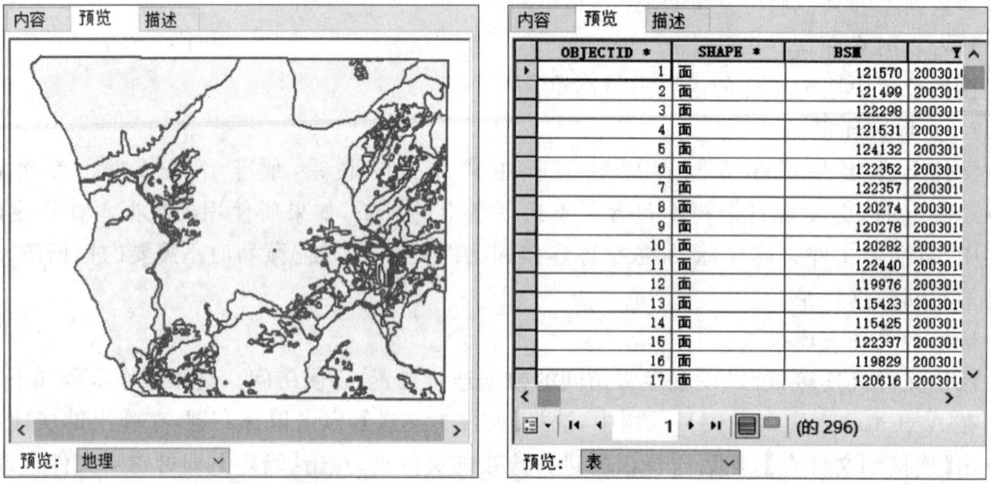

(a) 地理视图模式 (b) 表视图模式

图 2.31 不同的浏览方式

"预览"选项卡以不同的视图方式浏览项目，包括地理视图模式和表视图模式。地理视图模式为缺省方式，对于既包含空间数据又包含表格等属性数据的项目，可在预览选项卡窗口最下方的下拉列表中进行切换。在地理视图模式下，矢量数据集的每个要素、注记、栅格数据集的每个像元、TIN 数据集的每个三角网均被绘图显示，可以借助地理工具条上的工具对视图进行放大、缩小、移动、查询等多种操作。在表视图模式下，窗口预览显示所选内容项中的属性数据表格。

(三)认识 ArcToolbox

1. 认识 ArcToolbox

ArcToolbox 是地理处理工具的集合，包括 3D 分析工具、数据管理、数据转换、矢量分析、地理编码、制图工具、统计分析等多种复杂的地理处理工具，内嵌于 ArcMap 和 ArcCatalog 中。

1)认识 ArcToolbox

在 ArcMap 或 ArcCatalog 中点击标准工具条中的，打开 ArcToolbox 窗口，如图 2.32 所示。打开后，ArcToolbox 处于悬浮状态，可根据需要拖动到任意位置。另外，双击 ArcToolbox 窗口标题栏，可将 ArcToolbox 窗口停靠到 ArcMap 或 ArcCatalog 工作界面中，成为其工作界面的一部分。

ArcToolbox 由多个工具集构成，每个工具集中包含不同级别的子工具集，主要包括以下内容：

图 2.32　ArcToolbox 工具集

(1)3D Analyst 工具(3D 分析工具)，用于创建和修改 TIN 及栅格表面，并从中抽象出相关信息和属性。

(2)Data Interoperability 工具(数据互操作工具)，直接读取和使用 100 多种常见的 GIS 矢量数据格式，包括很多演化 GML 规范。此外，可使用多种格式传送 GIS 数据。

(3)Geostatistical Analyst 工具(地学统计分析工具)，主要提供了空间数据分析、确定性插值、地统计插值、地统计模拟等工具，可以用它创建一个连续表面或地图，用于可视化及分析，以便更清晰了解空间现象。

(4)Network Analyst 工具(网络分析工具)，执行高级路径和网络分析支持，如行驶时间分析、路径方向分析、最佳路径分析、最佳服务设施点分析等。

(5)Schematics 工具(示意图工具)，根据地理数据库中的网络数据或任何具有显示连通性的显式属性的数据来生成、显示和操作逻辑示意图。

(6)Spatial Analyst 工具(空间分析工具)，用于创建、查询、绘制和分析基于像元的栅格数据。

(7)Tracking Analyst 工具(追踪分析工具)，用于绘制随时间变化而切换或更改状态的对象。可以实时追踪对象，将包含日期和时间(时态数据)的地理数据以追踪图层的形式添加到地图中。

(8)编辑工具，主要包括对点、线、面等要素的编辑。

(9)地理编码工具，地理编码又称地址匹配，是建立地理位置坐标与给定地址一致性的过程。使用该工具可以给各个地理要素进行编码、建立索引等。

(10)多维工具，主要围绕网络通用数据格式(NetCDF)进行相应的操作。

(11)分析工具，针对所有类型的矢量数据运行多种地理处理，主要工具为叠加分析、提取、统计分析和邻域分析等。

(12)服务器工具，用于管理 ArcGIS Server 地图和 Globe 缓存，以及简化通过服务器提取数据过程的工具。

(13)空间统计工具，包括分析地理要素分布状态的一系列统计工具，能够实现多种地理数据的统计分析。

(14)数据管理工具，用于管理和维护要素类、数据集、数据层及栅格数据。

(15)线性参考工具，生成和维护线状地理要素的相关关系，如实现由线状要素到路径(route)的转换，由路径事件(event)属性表到地理要素类的转换等。

(16)制图工具，与 ArcGIS 中其他大多数工具存在明显的目的性差异，它根据特定的制图标准设计，包含三种掩模工具。

(17)转换工具,包括一系列不同数据格式的转换工具,主要有栅格数据、Shapefile、Coverage、Table、dBASE、数字高程模型及 CAD 到空间数据库(geodatabase)的转换等。

(18)宗地结构工具,主要包括处理宗地结构内部要素类和表的各种工具。

2)使用 ArcToolbox

打开 ArcToolbox,在目录树中选择需要的工具,然后双击🔨图标即可打开对话框,在弹出的对话框中输入需要操作的数据、输出结果,并进行必要的参数设置,即可进行相应的地理处理或分析。

3)环境设置

地理处理环境设置是影响工具执行结果的附加参数,这些参数是使用独立对话框预先设置的值,工具在运行时将询问和使用这些参数。

更改环境设置通常是执行地理处理任务的先决条件。例如,当前工作空间环境设置和临时工作空间环境设置,可通过它们设置输入和输出工作空间。除此之外,处理范围环境设置将分析范围限制为一个特定的地理区域,而输出坐标系环境设置则用于为新数据定义坐标系(地图投影)。

在 ArcToolbox 中,打开任意一个工具,在弹出的对话框下方都有一个【环境...】按钮,对于一些特殊或有特殊目的的计算,在需要调整输出数据的范围、格式时,可以点击【环境...】,在弹出的"环境设置"对话框中进行相应的设置,如图 2.33 所示。

"环境"除了可以在 ArcToolbox 中进行设置外,还可以在 ArcMap 或 ArcCatalog 中,点击主菜单中的【地理处理】,然后选择【环境...】进行预先设置,执行任何工具时均应用该设置。

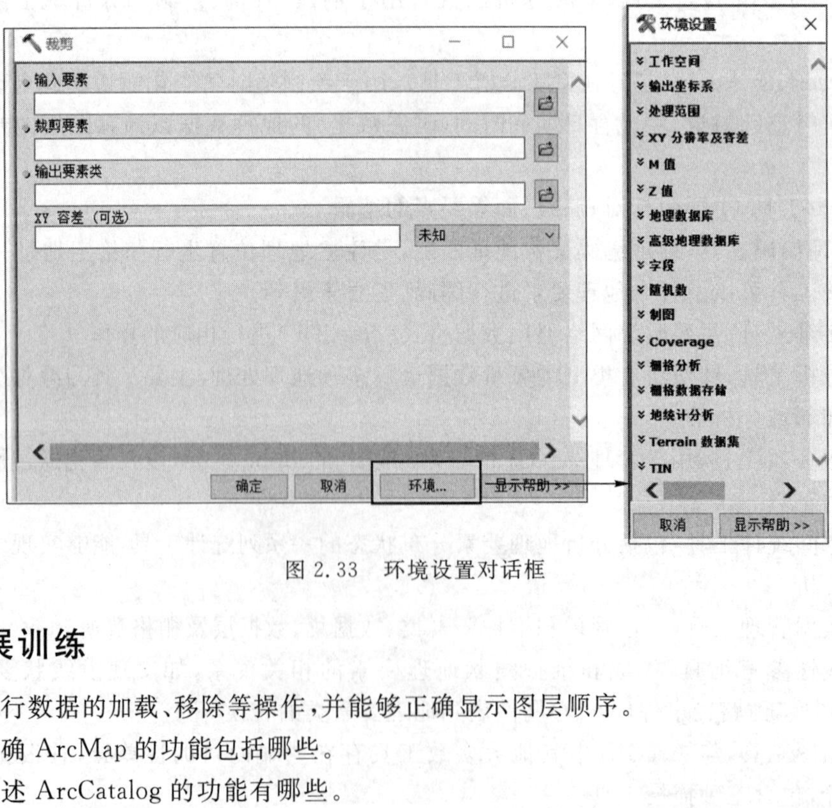

图 2.33　环境设置对话框

四、拓展训练

(1)进行数据的加载、移除等操作,并能够正确显示图层顺序。

(2)明确 ArcMap 的功能包括哪些。

(3)简述 ArcCatalog 的功能有哪些。

实验三　影像配准及矢量化

一、实验目的

(1)掌握影像配准的不同方法。

(2)能够新建地理数据库、要素数据集及要素类,并能够说出个人地理数据库和文件地理数据库的异同点。

(3)了解编辑器的功能,掌握进行点、线、面要素矢量化的方法。

(4)熟悉拓扑检查规则,能够独立进行点、线、面要素的拓扑错误检查与修改。

二、实验准备

(一)实验数据

存储路径	名称	格式	图层类型
实验三\实验数据	G48G010010	jpg	栅格数据
实验三\实验数据	外业控制点数据	xls	表格数据
实验三\实验数据	XZQ	shp	面图层
实验三\实验数据	地表覆盖采集线	shp	线图层

(二)软件准备

ArcGIS10.0 中文版。

三、实验内容和步骤

(一)影像配准

影像配准(地图配准)是指通过控制点的选取,对栅格数据进行坐标匹配和几何校正的过程。经过影像配准后的栅格数据具有地理意义,使得随后进行采集得到的矢量数据具备一定的地理空间坐标。而在实际的工作中,栅格数据地理配准的精度往往直接影响最终采集到的数据精度。因此,影像配准是栅格数据进行矢量化必不可少的关键环节。

进行影像配准可采用不同的方法,这里主要介绍三种方法:①利用已有的矢量数据进行配准;②从图上读取相应的坐标数据进行配准;③利用已有的外业控制点坐标数据进行配准。

需要说明的是:当在 ArcMap 中加载影像或者地图时,周边可能会出现黑色区域,可通过相应设置进行处理,步骤为:选中影像,点击鼠标右键选择【属性…】,在"图层属性"对话框中选择【符号系统】选项,在【RGB 合成】中,勾选【显示背景值(B):(R,G,B)】,背景值默认为无颜色,点击【确定】。详细说明见实验二,这里不再赘述。

1. 利用已有的矢量数据进行地理配准

具体操作步骤如下:

(1)打开 ArcMap,点击按钮,加载需要进行配准的影像或地图,如图 3.1 所示。

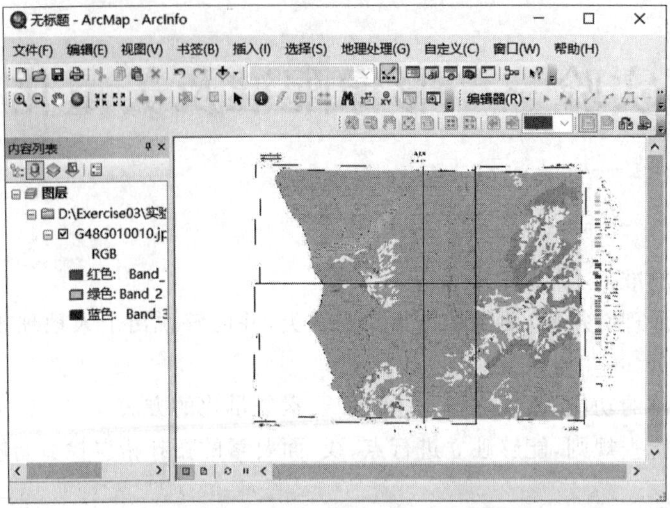

图 3.1 在 ArcMap 中加载需要配准的地图

(2)将鼠标放在 ArcMap 窗口中的主菜单或工具栏的空白处点击右键,打开窗口工具设置快捷菜单,打开地理配准工具,如图 3.2 所示。点击【地理配准】后,ArcMap 窗口中将出现地理配准工具条。

图 3.2 地理配准工具条

(3)加载作为参照的矢量数据(XZQ. shp),如果参照的矢量数据为面文件,可先将其内部填充为无色。通过地理配准中的按钮建立需要矢量化的地图(影像)与参照地物之间的一一对应关系。操作时先选取影像上的点,再选择参照矢量数据中相应的点,如图 3.3 所示。采用此方法选择多个点,点的位置尽量均匀布满整张地图,直到图像大致进行配准后,再进行细部更精确的配准。具体地理配准精度可根据项目对数据的要求进行控制。

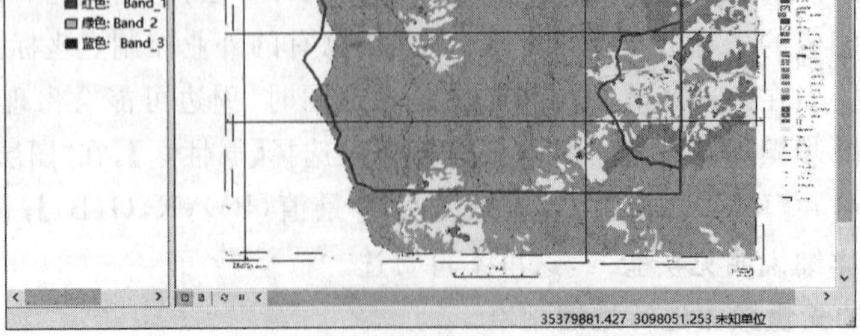

图 3.3 建立第一个对应点后示意

(4)当选择多个点后,可通过按钮查看相应点的残差情况,将残差较大的点删除,残差较小的点保留，并可以对图像的一些细部进行配准点的选择，如图 3.4 所示。

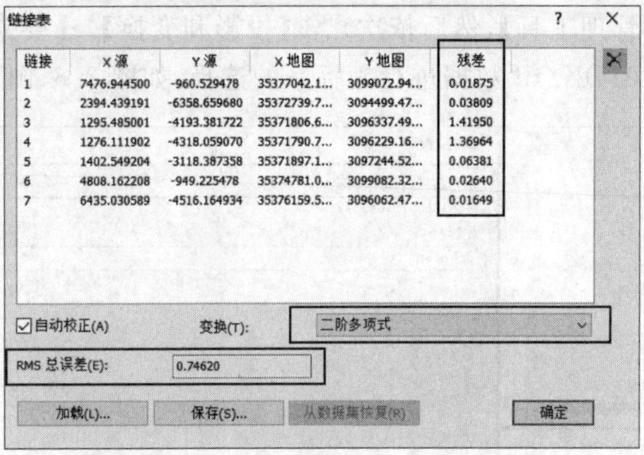

图 3.4　查看链接表工具对话框

(5)配准完成后，可将配准点的属性进行保存，以便下次使用时直接加载，避免再一次配准的麻烦，如图 3.5 所示。除此之外，若多人共同矢量化一张栅格地图的不同部分，建议使用同一个地理配准文件，避免后期矢量化成果进行拼接时出现误差。

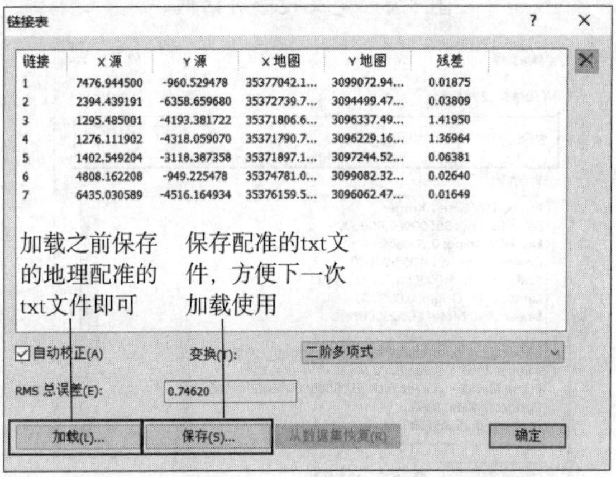

图 3.5　保存和加载地理配准文档示意

(6)点击【地理配准】→【校正…】，可重新生成一张具有地理空间坐标的栅格数据，选择重采样类型、输出位置，输出格式为 TIFF，如图 3.6、图 3.7 所示。

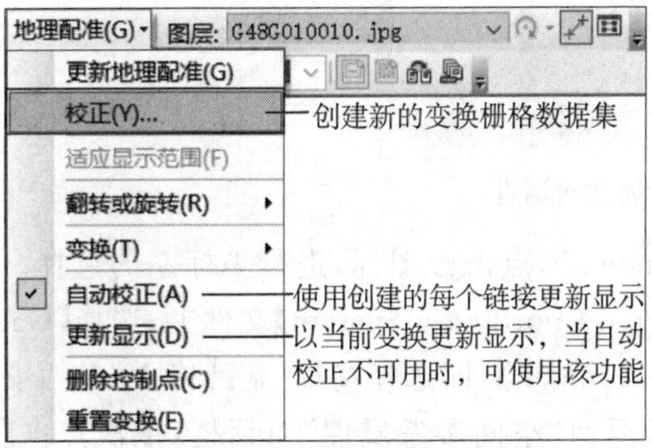

图 3.6　校正功能示意

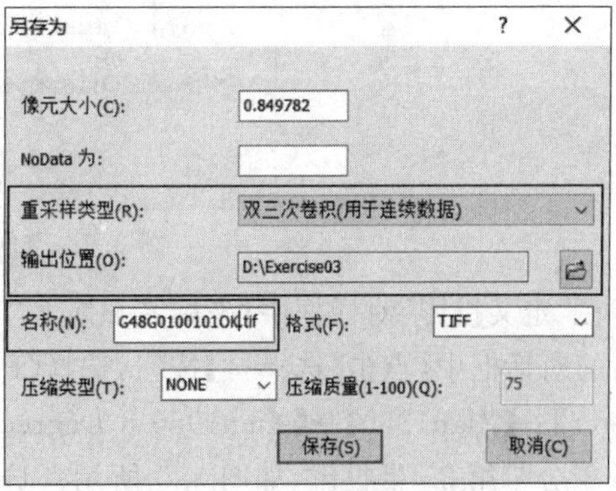

图 3.7　校正设置对话框

在 ArcMap 中加载校正之后的数据，对数据进行“定义投影”操作。步骤为：打开 ArcToolbox，选择【数据管理工具】，然后依次点击【投影和变换】→【要素】→【定义投影】，对校正后输出的 G48G0100101OK. tif 数据进行坐标系的选择，如图 3.8、图 3.9 所示。

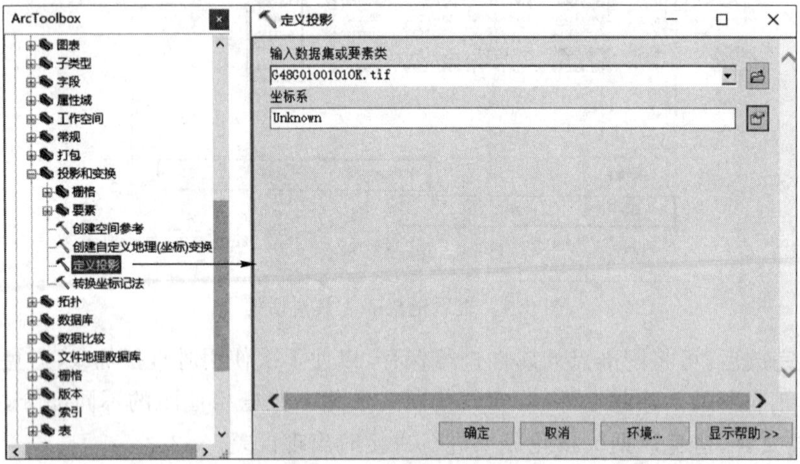

图 3.8 定义投影对话框

图 3.9 空间参考属性对话框

在“定义投影”对话框中，坐标系显示为“Unknown”，点击图标，进行坐标系的选择。在弹出的对话框中，点击【选择…】按钮，选择【Projected Coordinate System】文件夹，选择【Gauss Kruger】→【Xian1980】→【Xian1980 3 Degree GK Zone 35】，即选择高斯-克吕格 1980 西安坐标系 3°分带第 35 带投影，如图 3.9 所示。选中后返回“空间参考属性”对话框，依次点击【应用】→【确定】。最后返回“定义投影”对话框，完成影像(地图)坐标系的定义。

2. 从图上读取相应的坐标数据进行配准

在 ArcMap 中加载需要矢量化的栅格地图，然后从图上读取相关坐标信息，通过工具选择读取点，点击鼠标右键，输入读取点的 X、Y 坐标进行配准，如图 3.10 所示。采用这种方法进行配准后续的操作步骤与第一种方法一样。

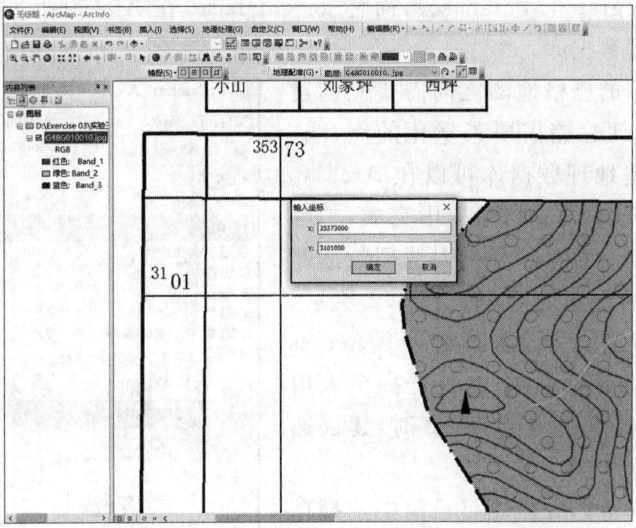

图 3.10　从图上读取相应的坐标数据进行配准

3. 利用已有的外业控制点坐标进行配准

利用已有的外业控制点坐标数据进行配准，首先从图上找出所标的控制点点号，然后打开相应的控制点坐标数据表格，直接通过地理配准工具中的工具选择控制点，然后点击鼠标右键将控制点坐标数据表格中的 X、Y 坐标数据输入进行配准即可，如图 3.11 所示。配准后续的操作步骤与上面介绍的两种方法一样。

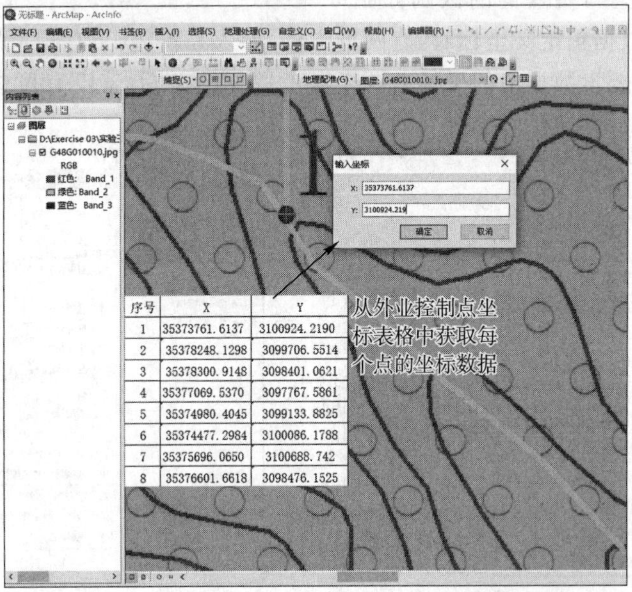

图 3.11　利用已有的外业控制点坐标进行配准

无论选择哪一种方法进行影像配准，选择控制点时应注意均匀分布，并且要满足一定的数量。

(二)新建地理数据库、要素数据集和要素类

地理数据库(geographic database)，简称 geodatabase，在 ArcCatalog 中可以新建个人地理数据库和文件地理数据库。

在矢量化配准好的栅格地图之前需要先创建一个地理数据库，以便存储需要矢量化的点、线、面等不同要素。创建地理数据库可以在 ArcMap 窗口右侧或者在 ArcCatalog 目录树中完成，二者创建的方法是一样的。注意区分个人地理数据库和文件地理数据库的不同之处，如图 3.12 所示。二者存储的格式和大小不同，当需要基于 Access 数据库进行面积统计等操作时，建议选择个人地理数据库；当数据存储容量超过 2 GB 时，建议选择文件地理数据库。

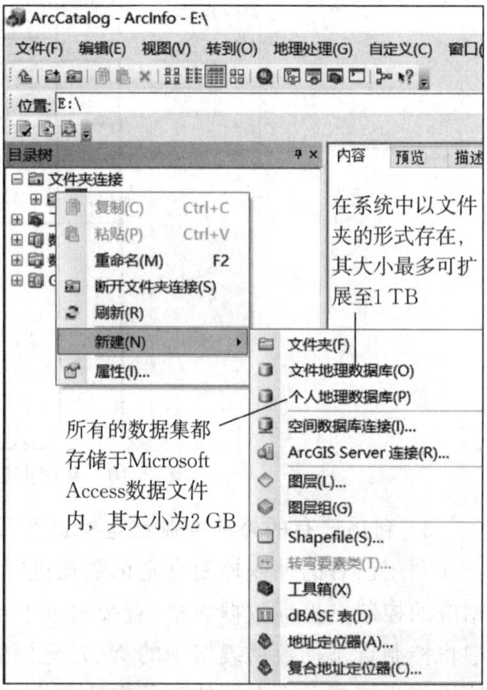

图 3.12　新建地理数据库

(1)打开 ArcCatalog，在左侧目录树中选择存储地理数据库的位置，然后点击鼠标右键选择【新建】→【个人地理数据库】(或【文件地理数据库】)，如图 3.12 所示。对新建的地理数据库进行重命名，如“土地利用总体规划.mdb”。

(2)选择新建的个人地理数据库，点击鼠标右键选择【新建】→【要素数据集…】，并为要素数据集命名。要素数据集与要素类的区别如图 3.13 所示。在新建要素数据集定义坐标时，有两种方法，导入和新建(当有参考的矢量数据时，可选择导入参考的数据，要素数据集的坐标来源于参考数据的坐标；若没有可参考的矢量数据，则可以根据自己的需要，新建投影坐标)，如图 3.14、图 3.15 所示。

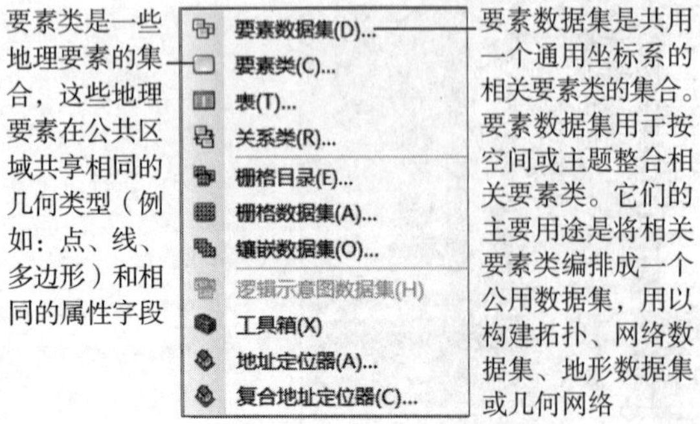

图 3.13　要素数据集与要素类的区别

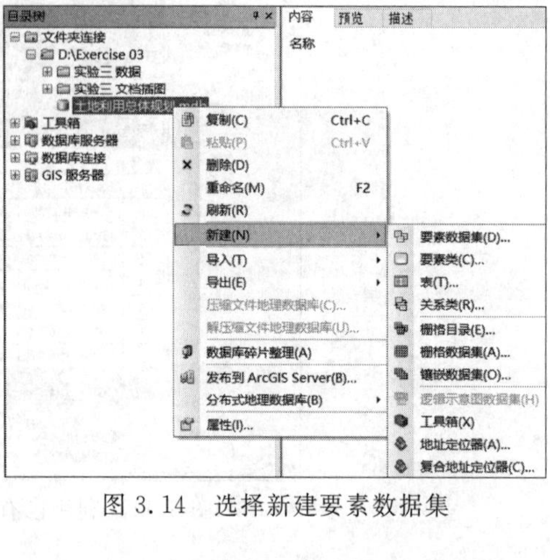

图 3.14　选择新建要素数据集

一个地理数据库可以包含多个要素数据集，可根据实际需要新建一个或多个要素数据集。使用导入或新建的方式定义要素数据集的投影坐标，如图 3.16 所示。

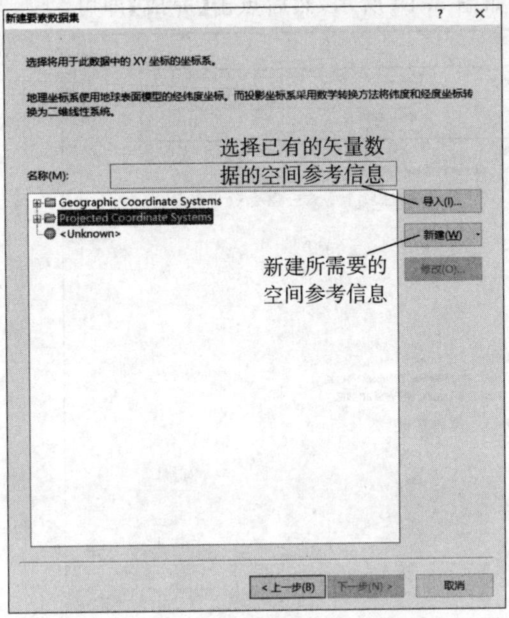

图 3.15　新建要素数据集对话框

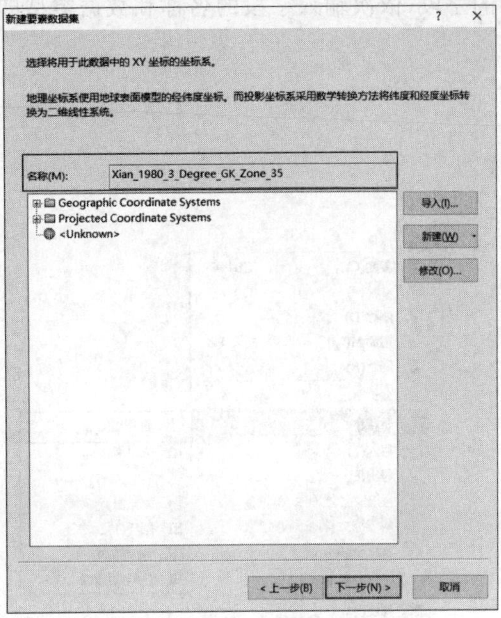

图 3.16　新建要素数据集坐标定义

也可使用新建，选择【Projected Coordinate System】文件夹，选择【Gauss Kruger】→【Xian1980】→【Xian1980 3 Degree GK Zone 35】，即选择高斯-克吕格 1980 西安坐标系 3°分带第 35 带投影，如图 3.17 所示。

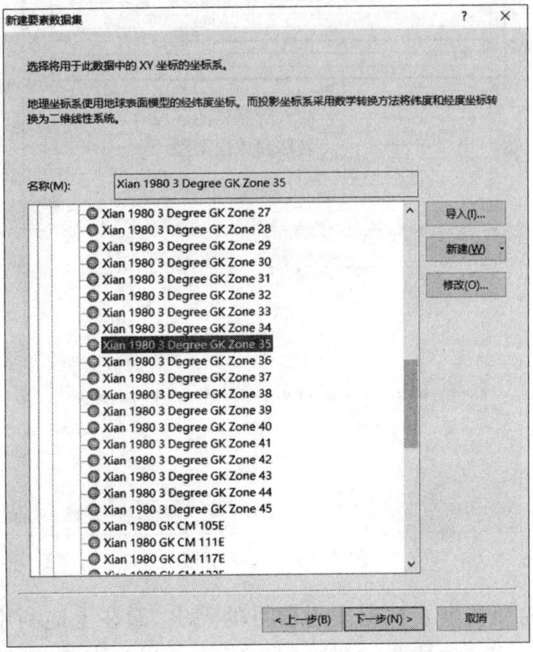

图 3.17　新建要素数据集坐标系选择

(3)在要素数据集的基础上新建要素类。常见的要素类有点要素、线要素和面要素。以新建要素类JQDLTB(基期地类图斑)图层为例,如图 3.18 所示。点击【下一步】,选择自己所需要的字段,依次输入字段的名称和数据类型即可,如图 3.19 所示,然后点击【完成】即可。

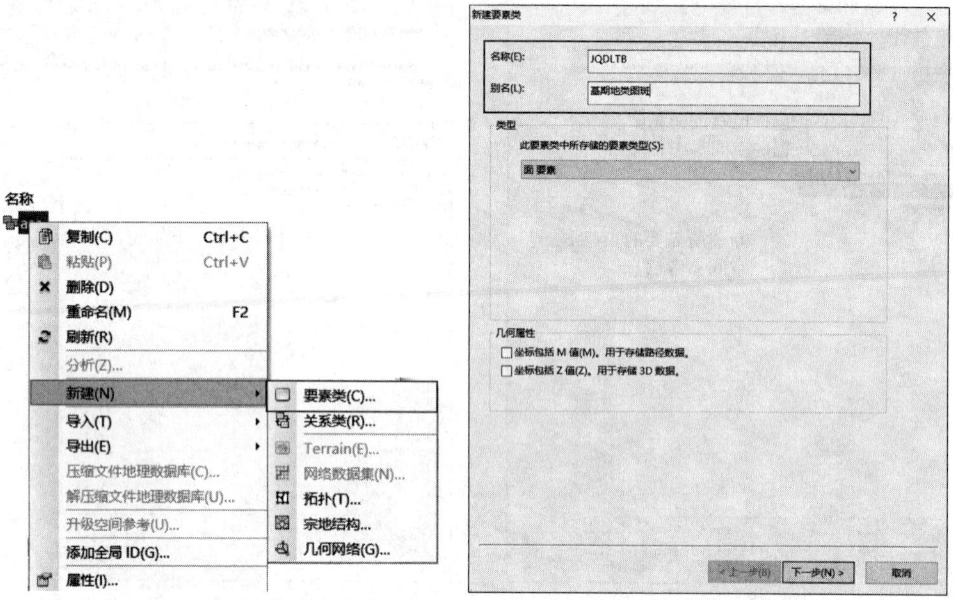

(a) 选择新建要素类　　　　(b) 新建要素类对话框

图 3.18　新建要素类

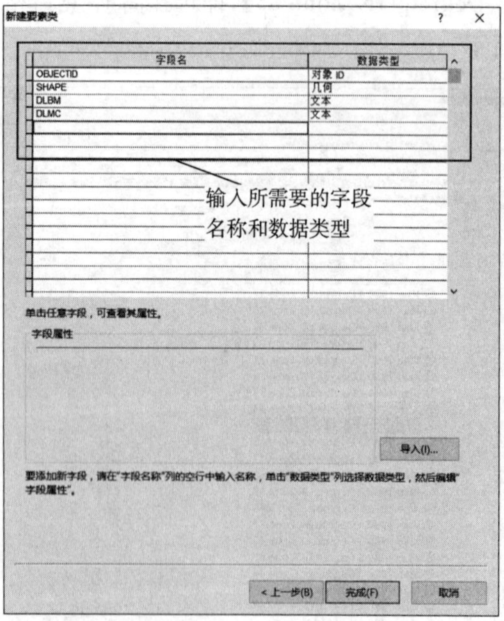

图 3.19　选择字段

新建图层的字段名称和类型要根据实际项目的需求,如在土地利用总体规划中,不同图层的字段名称和类型也不一样,如表 3.1、表 3.2 所示。详细的各图层属性结构表见 TD/T 1028—2010《乡(镇)土地利用总体规划数据库标准》,这里不再一一进行举例。

表 3.1　基期线状地物属性结构描述表（属性表名:JQXZDW）

序号	字段名称	字段代码	字段类型	字段长度	小数位数	值域	约束条件	备注
1	标识码	BSM	Int	10		>0	M	
2	要素代码	YSDM	Char	10		见注 2	M	
3	地类名称	DLMC	Char	30		非空	M	按附录 1 三级类填写
4	线状地物面积	XZDWMJ	Float	16		>0	O	单位:平方米
5	线状地物名称	XZDWMC	Char	60		非空	O	见注 1

注 1:线状地物名称是指标识该线状地物的地理名称。其中 M 为必填属性,必须填写;O 为可填属性,存在即填,不存在不填。

注 2:见 TD/T 1028—2010《乡(镇)土地利用总体规划数据库标准》中的表 1。

表 3.2　基期地类图斑属性结构描述表（属性表名:JQDLTB）

序号	字段名称	字段代码	字段类型	字段长度	小数位数	值域	约束条件	备注
1	标识码	BSM	Int	10		>0	M	
2	要素代码	YSDM	Char	10		见注 2	M	
3	图斑编号	TBBH	Char	8		非空	O	见注 1
4	行政区代码	XZQDM	Char	12		非空	M	
5	地类名称	DLMC	Char	30		非空	M	
6	图斑面积	TBMJ	Float	16		>0	M	单位:平方米
7	图斑地类面积	TBDLMJ	Float	16		>0	M	单位:平方米

注 1:以村为单位统一顺序编号。其中 M 为必填属性,必须填写;O 为可填属性,存在即填,不存在不填。

注 2:见 TD/T 1028—2010《乡(镇)土地利用总体规划数据库标准》中的表 1。

(4)如果想让新建的 JQDLTB 图层的属性表(字段名和数据类型)与已有图层中的字段名和数据类型保持一样,则不需要依次输入字段名和数据类型,可直接点击【导入…】按钮,选择要参照的图层数据即可,导入后可自动将已有图层的字段名和数据类型导入新建的 JQDLTB 图层中,如图 3.20 所示。

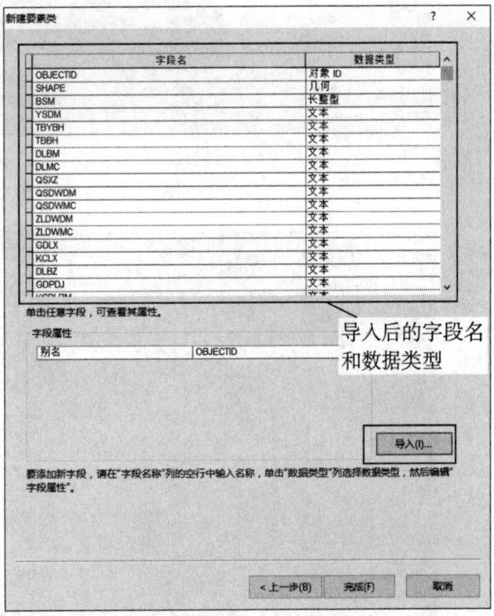

图 3.20　新建要素类导入属性结构后

(三)矢量化

栅格地图完成地理配准并新建地理数据库后,需要进行矢量化操作。在矢量化操作之前,首先要明确矢量化的要素有哪些。一般情况下,可将需要矢量化的要素分为点、线、面三类:①点状要素,如学校、医院、公交站点、控制点、高程点等;②线状要素,如农村道路、河流、等高线等;③面状要素,如基本农田保护区、地类图斑等面状要素。

矢量化具体操作步骤如下：

(1)首先加载已建好的空的点、线、面图层，然后将鼠标放在 ArcMap 窗口中的主菜单或工具栏等空白处点击右键，打开窗口工具设置快捷菜单，勾选【编辑器】工具。这时 ArcMap 窗口中出现编辑器工具条，如图 3.21 所示。

图 3.21 编辑器工具条

(2)点击【编辑器】，选择下拉菜单中的【开始编辑】，然后选择要编辑的目标图层，如要编辑“基期地类图斑(JQDLTB)”图层，如图 3.22 所示。进行选择后，点击【确定】，开始编辑。由于其是一个面状要素图层，当矢量化的是单个图斑时，可使用【面】功能；当矢量化的是相邻图斑时，应选择【自动完成面】功能，避免在矢量化过程中相邻图斑之间出现重叠、缝隙等拓扑错误，给后期的拓扑错误检查和修改带来不必要的工作量。具体的矢量化操作如图 3.23、图 3.24 所示。

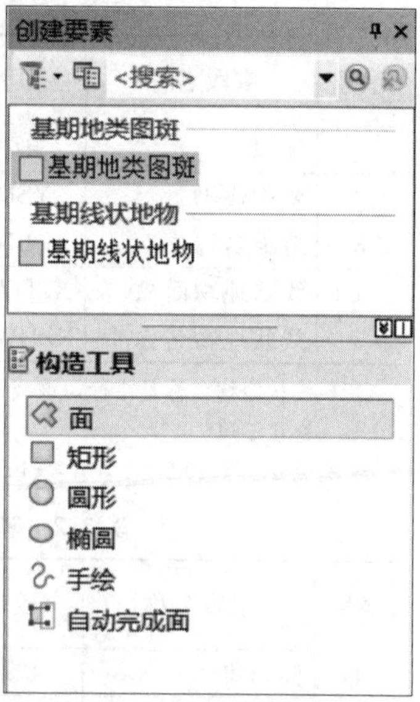

图 3.22 选择编辑目标图层

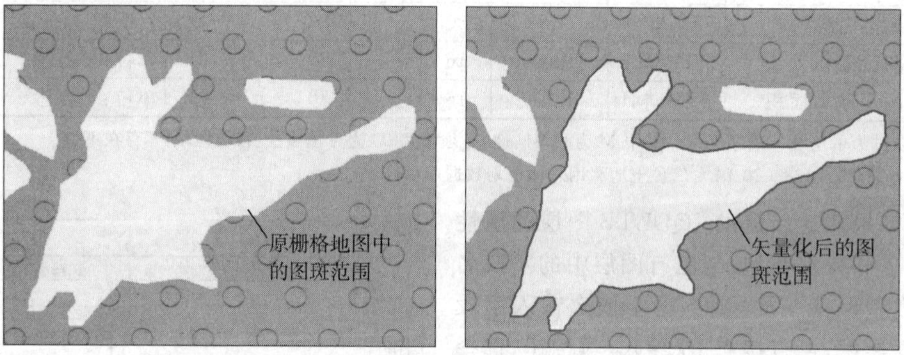

(a) 矢量化前 (b) 矢量化后

图 3.23 基期地类图斑矢量化前后对比

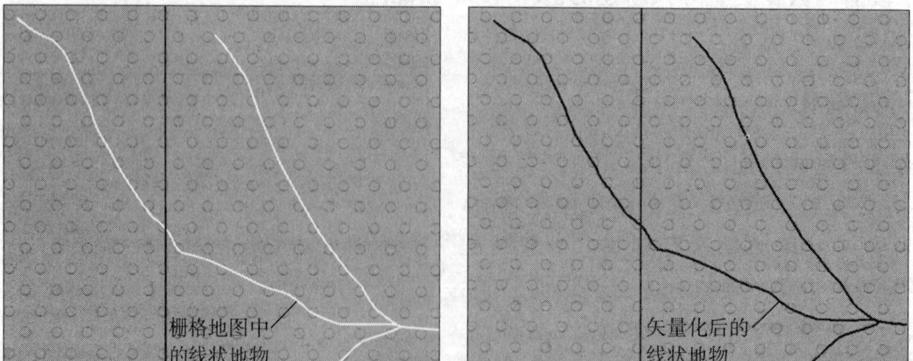

(a) 矢量化前 (b) 矢量化后

图 3.24 基期线状地物矢量化前后对比

在进行矢量化操作时，有时需要获取点的位置、线的中点、端点等精确的点位等，可通过“捕捉”功能来实现。具体操作步骤如下：

(1)将鼠标放在 ArcMap 窗口中的主菜单或工具栏等空白处点击右键，打开窗口工具设置快捷菜单，打开“捕捉”工具，如图 3.25 所示。

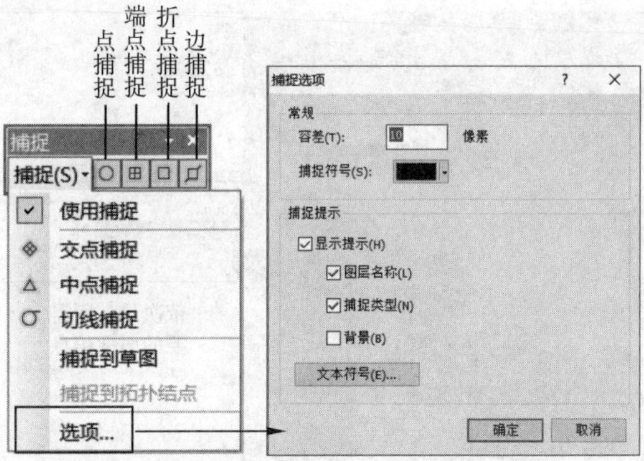

图 3.25　捕捉工具条

(2)在捕捉工具条菜单栏中，点击【捕捉】→【使用捕捉】，即打开捕捉功能。要关闭捕捉功能时，移除“使用捕捉”旁边的复选标记。ArcGIS 中捕捉类型包括点、端点、折点和边。打开捕捉功能后，具体的交点、中点、切线捕捉在捕捉菜单下进行设置。捕捉功能可多选，也可单选。

(3)也可点击捕捉菜单下的【选项...】进行相应的捕捉选项设置。在矢量化过程中，当使用编辑器的▶按钮选择某个要素时，便能够拖动该要素，一旦发生拖动将使得该要素偏离原有的位置，与相邻图斑之间出现缝隙、重叠等拓扑错误，为了避免不经意间拖动图斑导致出现的错误，可在编辑器工具下拉菜单中的【选项...】进行相应的设置，设置后，当再次选中该要素后，将不能再进行相应的拖动，如图 3.26 所示。

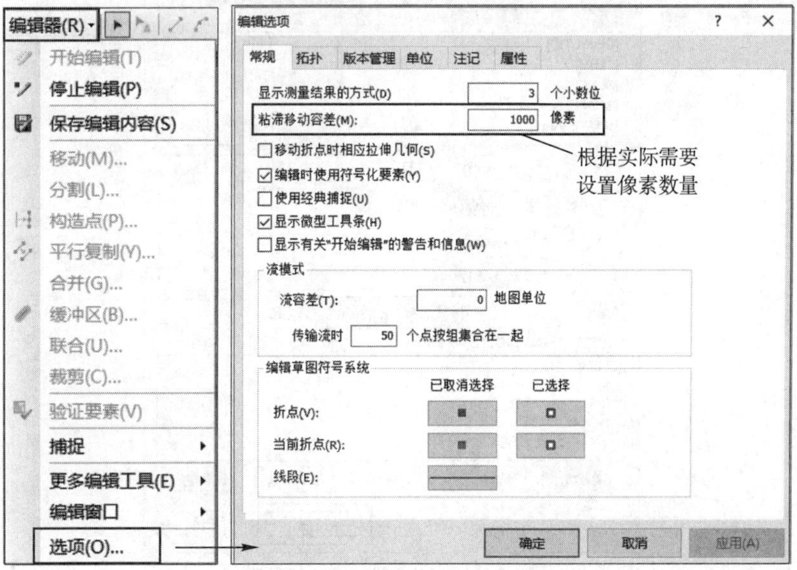

图 3.26　编辑器选项设置对话框

当矢量化工作完成后，便需要录入图层属性信息。除此之外，还可以边矢量化边录入属性信息，两项工作同时进行。具体操作为：使用编辑器的▶按钮，选择要录入属性的要素，然后点击鼠标右键打开“属性”对话框，在对话框中录入每个字段的属性信息，如图 3.27 所示。若不小心把录入属性的对话框关闭，可点击编辑器工具条中的▤按钮打开。

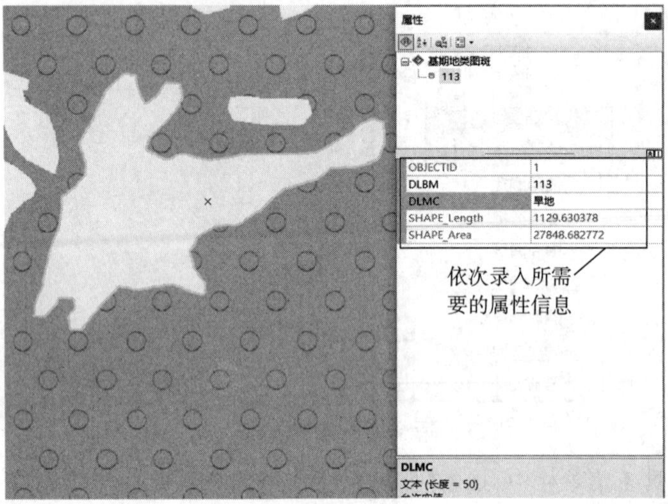

图 3.27 属性录入对话框

当需要批量录入属性信息时，可使用“字段计算器”进行赋值，例如，地类编码和地类名称之间是一一对应的关系，在录入属性时只需要录入地类编码即可，地类名称可通过属性表中的【表选项】→【按属性选择…】，选择相应的地类编码后，选择【DLMC】字段点击鼠标右键，使用字段计算器进行赋值，如图 3.28 所示。

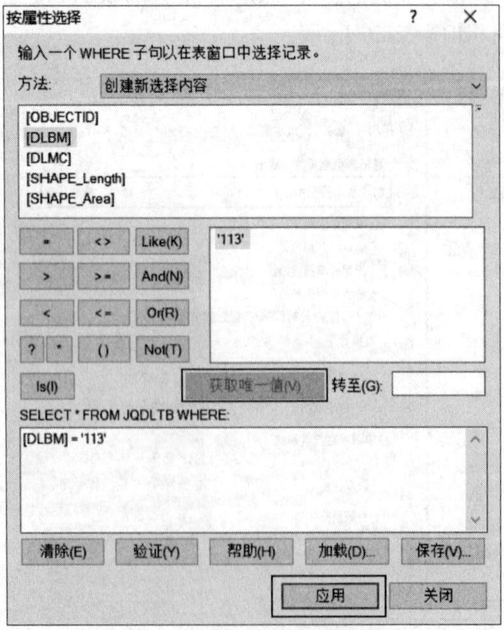

图 3.28 按属性选择对话框

在图 3.29 的下拉菜单中，除了字段计算器的功能，还有升序排列、降序排列、汇总、计算几何等功能，将在后面的实验内容中进行介绍。

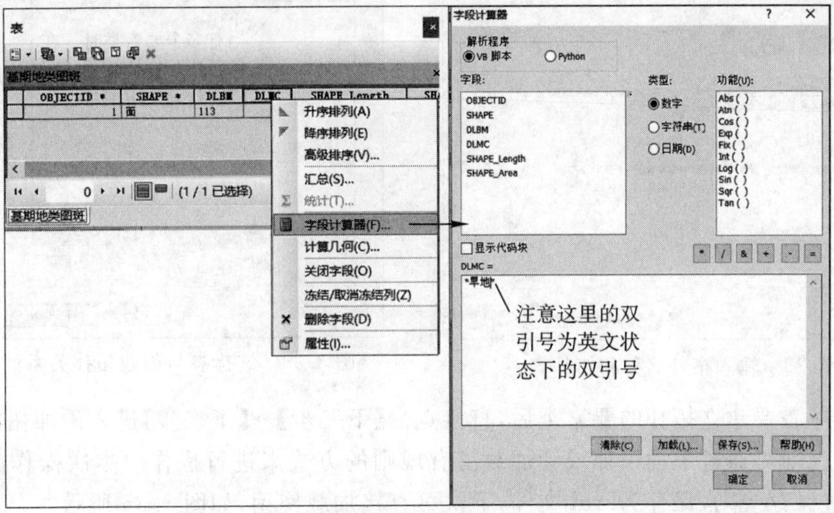

图 3.29　字段计算器对话框

(四)拓扑错误检查与修改

1. 拓扑构建

无论是点、线还是面要素在查找拓扑错误时，都必须进行拓扑构建。需要特别说明的是：由于 Shapefile 及其他格式均不支持拓扑规则的构建，在进行拓扑构建时，必须确保参与拓扑检查的要素类存储在同一个要素数据集下，即只有在要素数据集下才能进行拓扑构建。本实验以线要素的拓扑构建为例来进行说明。具体操作步骤如下：

(1)首先，在 ArcCatalog 目录树中选择需要拓扑构建的要素数据集，点击鼠标右键，选择【新建】→【拓扑…】，如图 3.30～图 3.34 所示。

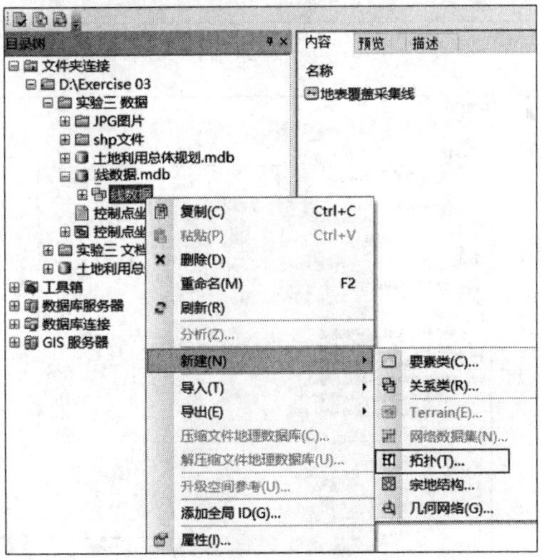

图 3.30　新建拓扑

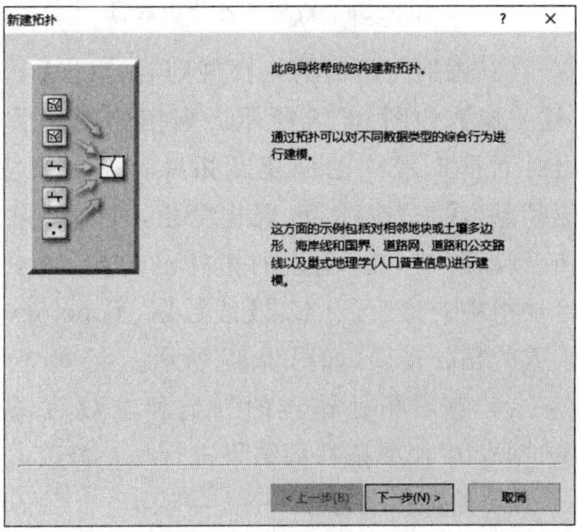

图 3.31　建立拓扑对话框

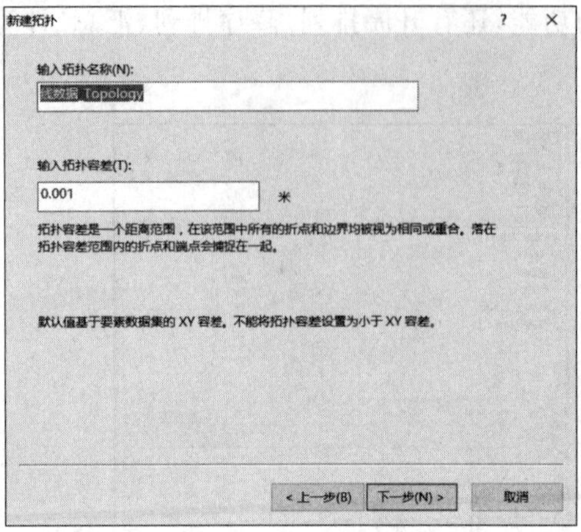

图 3.32　输入拓扑名称和拓扑容差

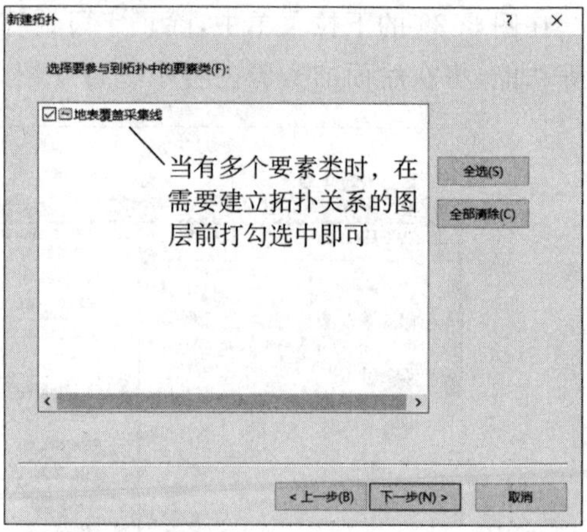

图 3.33　选择参与创建拓扑关系的要素类

(2)选择需要建立拓扑的要素类后，直接点击【下一步】→【下一步】进入添加拓扑规则的对话框，拓扑规则可通过手动添加或者加载已有规则的方式来进行操作。本次操作的拓扑规则也可以通过保存规则，保存为.rul 文件，下次可直接加载使用，如图 3.35 所示。

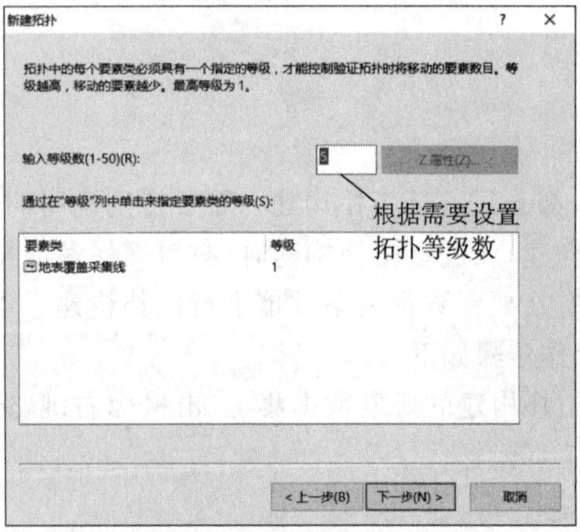

图 3.34　设置拓扑等级数目

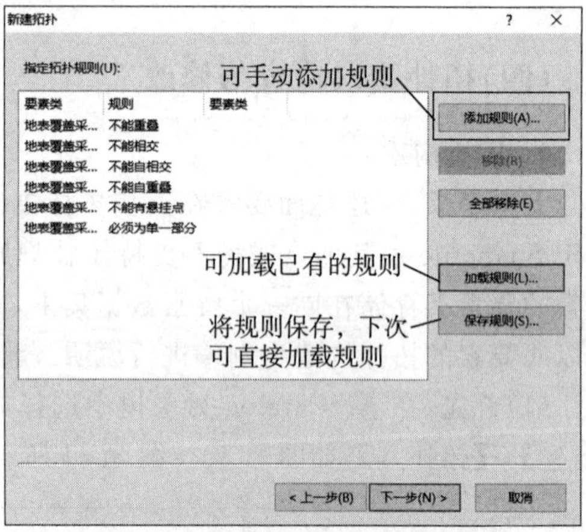

图 3.35　添加拓扑规则

(3)添加完所需的拓扑规则后，点击【下一步】→【完成】，如图 3.36 所示。当拓扑创建后，会弹出对话框提示："已创建新拓扑。是否要立即验证?"点击【是】按钮，出现进度条，进程结束后，拓扑已验证并生效，创建的拓扑出现在 ArcCatalog 目录树中。最后，可双击【线数据_Topology】查看生成的拓扑错误，如图 3.37 所示。

(4)查看拓扑错误的种类和个数后，需要在 ArcMap 中加载拓扑的结果进行一一修改。

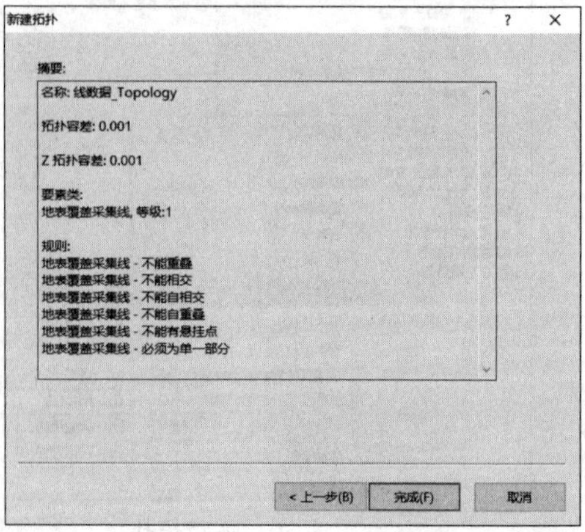

图 3.36　拓扑关系汇总

2. 拓扑错误修改

本实验以线要素为例，进行拓扑错误检查与修改(图 3.38)。

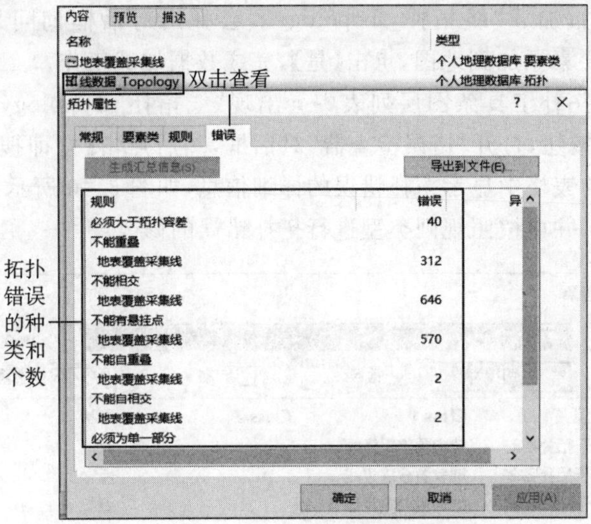

图 3.37　查看生成拓扑错误的种类和个数

图 3.38　在 ArcMap 中加载拓扑文件

在 ArcMap 中加载生成的拓扑，建立拓扑规则的数据也会一起加载进来，软件中红色的节点表示点拓扑错误、红色的线表示线拓扑错误、红色的区域表示面拓扑错误。本例中出现的大多为线拓扑错误。说明：参与拓扑的地表覆盖采集线仅仅为成果数据的一部分，所以周围会出现与相邻成果进行接边的情况，在修改拓扑错误时，暂且不修改与周边区域有接边的线错误。

在进行拓扑错误修改时，打开编辑器和拓扑工具条，逐个修改拓扑错误。具体操作步骤如下：

(1)将鼠标放在 ArcMap 窗口中的主菜单或工具栏等空白处点击右键，打开窗口工具设置快捷菜单，打开“拓扑”工具，如图 3.39 所示。

图 3.39　拓扑工具条

(2)在 ArcMap 中,加载“线拓扑_Topology”,会弹出对话框询问是否还要将“线拓扑_Topology”中的所有要素添加到地图,点击【是】,完成数据加载工作。

(3)打开编辑器,拓扑工具条图层列表中会出现“线拓扑_Topology”,然后点击拓扑工具条中的错误检查器按钮,打开“错误检查器”对话框,然后点击【立即搜索】按钮,即可检查出拓扑错误,并在下方的表格中显示拓扑错误的详细信息,如图 3.40 所示。点击【规则类型】,使拓扑规则按顺序排列,并可按照规则类型进行拓扑错误的修改。

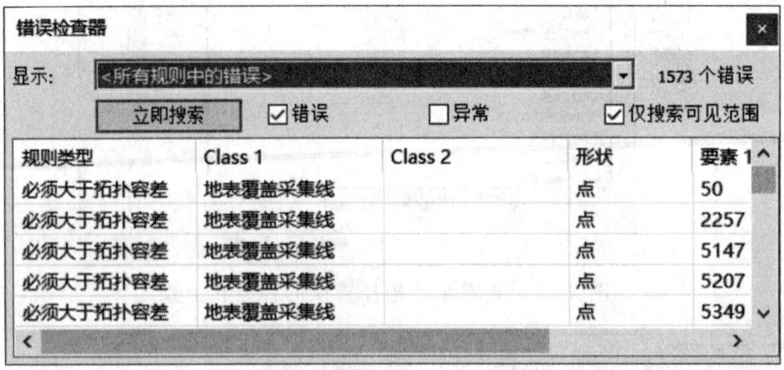

图 3.40　拓扑错误检查器

结合地表覆盖采集线存在的拓扑错误,下面举例说明常见拓扑错误的修改。主要包括线段过短(不及)、线段重复、线段过长、线段自相交。在进行拓扑错误修改时,应加载影像底图,根据影像底图的实际情况进行修改。

(1)线段过短(不及)。线段过短不能形成闭合区域,打开拓扑错误检查器对话框,选择一条记录,然后点击鼠标右键选择【缩放至】,缩放至错误图形位置。利用拓扑工具条中的按钮,选中红色节点,然后点击鼠标右键选择【延伸…】或【捕捉…】功能,设置一定的延伸距离,使得两个线段相交,形成闭合区域。拓扑修改前后对比如图 3.41 所示。

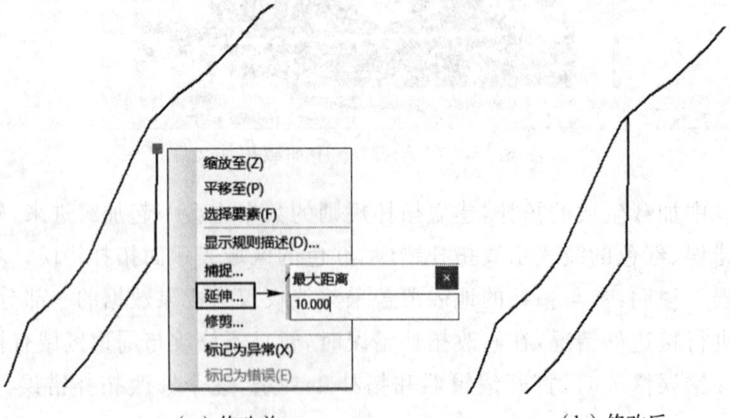

(a) 修改前　　(b) 修改后

图 3.41　“线段过段(不及)”拓扑修改前后对比

(2)线段重叠。对于一些线段重合的区域,先在拓扑错误检查器对话框中选择一条错误记录,然后缩放至图形所在位置。选中红色区域的线段(图 3.42 中虚线),然后点击鼠标右键选择【剪除…】功能,删除重复的线段。

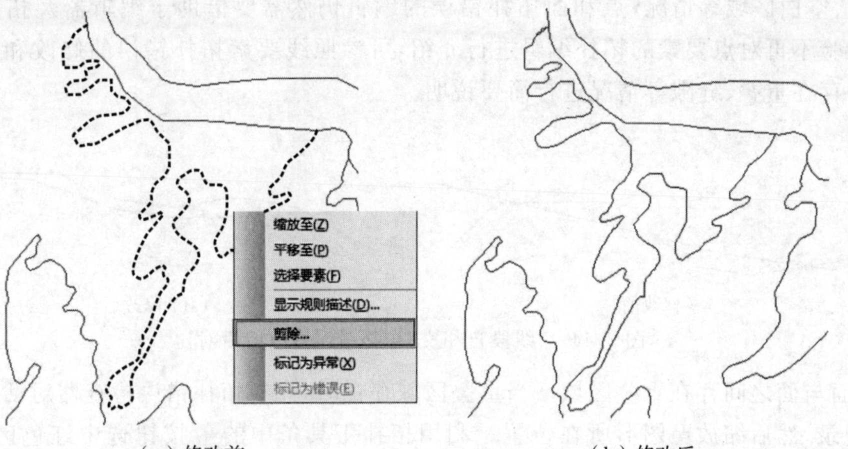

（a）修改前　　（b）修改后

图 3.42　“线段重叠”拓扑修改前后对比

(3)线段过长。对于线段过长的情况,可使用编辑器的箭头直接双击,删除多余的线段或节点,然后使用拓扑工具条中的验证当前范围内的拓扑,拓扑错误便得到修复。线段过长的修改过程,如图 3.43 所示。

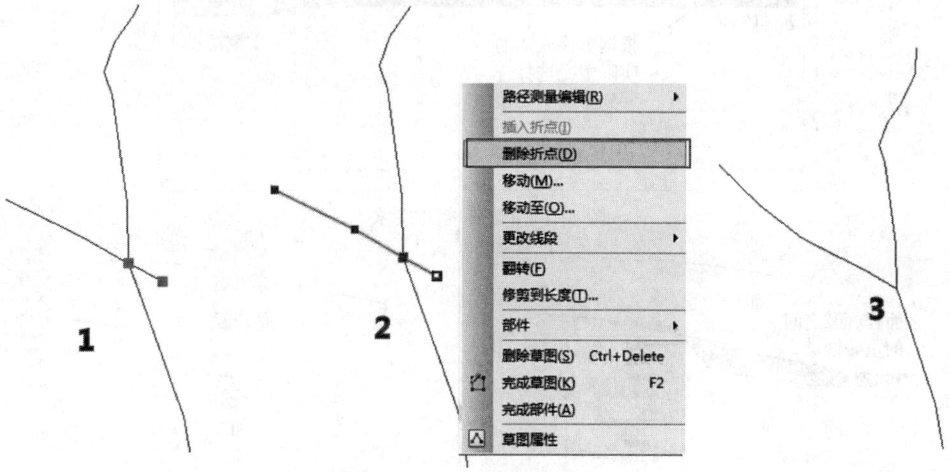

（a）修改前　　（b）修改中　　（c）修改后

图 3.43　“线段过长”拓扑修改前后对比

(4)线段自相交。在进行矢量化时,会出现线段自相交的情况(图 3.44),可使用拓扑工具条中的工具,将自相交的线段打断,然后套上影像底图,进行线段编辑。

以上仅对地理国情普查项目中的地表覆盖采集线数据自身存在的拓扑错误进行了个别情况的修改说明,其余的错误修改这里不再一一赘述,线拓扑错误的修改主要借助编辑器及拓扑工具条完成。当地表覆盖采集线拓扑错误全部修改完成后,需要在 ArcCatalog 中再一次通过【新建】→【拓扑…】进行检查,确保无拓扑错误的存在。地表覆盖采集线拓扑检查与修改工作全部完成后,可根据实际工作需要将其转换为地类图斑数据(面数据),这就涉及如何将线要素转换为面要素的问题,在后面的实验中将详细讲解。

在实际的工作中,点要素和面要素也存在拓扑错误。常见的面拓扑错误包括面与面之间存在重叠、空白区域等情况，点和面拓扑错误的编辑仍然需要借助于编辑器及拓扑工具条完成。本实验不再对点要素的拓扑编辑进行介绍，可参照线要素拓扑错误的修改和编辑。仅对面要素中存在重叠、缝隙等情况进行简要说明。

（a）修改前　　（b）修改后

图 3.44 “线段自相交”拓扑错误修改前后对比

(1)面与面之间存在重叠区域。当重叠区域存在时，先在拓扑错误检查器对话框中选择一条错误记录，然后缩放至图形所在位置。利用拓扑工具条中的按钮选中红色区域，然后点击鼠标右键选择【合并…】功能，在弹出的对话框中，根据套合影像底图的实际情况，选择将重叠区域合并到一个图斑要素中，如图 3.45 所示。重叠区域拓扑修改前后对比如图 3.46 所示。

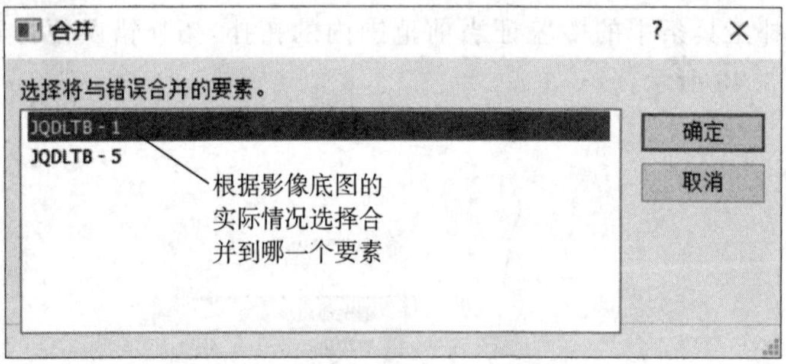

图 3.45 选择合并要素

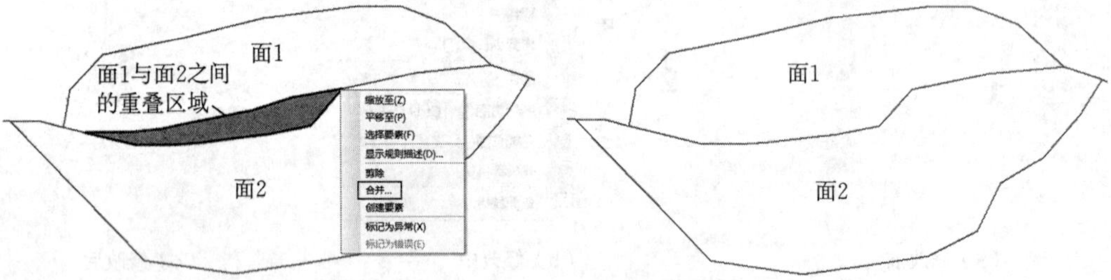

（a）修改前　　（b）修改后

图 3.46 “面重叠”拓扑修改前后对比

(2)面与面之间存在重叠缝隙或空白。当缝隙区域存在时，首先在拓扑错误检查器对话框中选择一条错误记录，然后缩放至图形所在位置。利用拓扑工具条中的按钮选中空白区域，当空白区域选中后，其边界线会由红色变成黑色。然后点击鼠标右键选择【创建要素】功能，空白区域会形成一个新的要素。最后根据套合的影像底图的实际情况，进一步判断新创建的要素是作为一个单独的图斑要素存在，还是需要与相邻的要素合并。如果不需要与相邻区域合并，而是作为一个新创建的单独要素存在，则需要对其单独录入相应的属性信息。面缝隙或空白区域拓扑错误修改前后对比如图 3.47 所示。

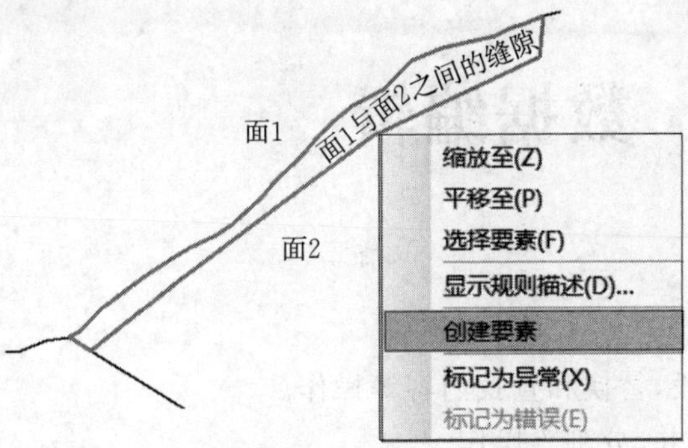

(a) 修改前

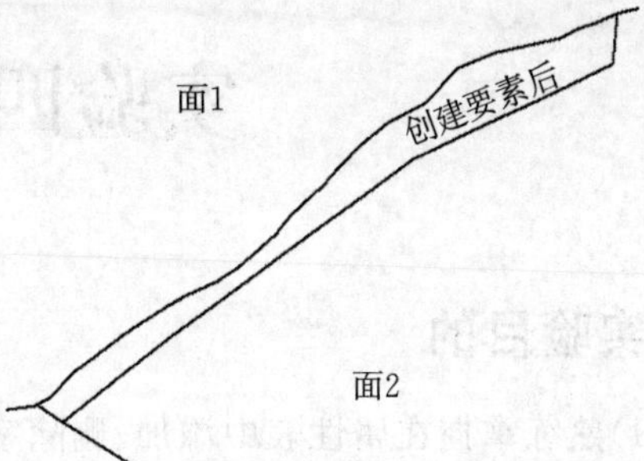

(b) 修改后

图 3.47　"相邻面存在缝隙或空白"拓扑错误修改前后对比

四、拓展训练

(一)拓展训练数据

存储路径	名称	格式	图层类型
实验三\拓展训练数据	影像	jpg	栅格数据
实验三\拓展训练数据	line	shp	线图层

(二)拓展训练要求

(1)根据拓展训练数据，对其进行配准及矢量化，矢量化区域包含整幅影像，并对矢量化成果进行属性赋值，包括 DLBM(地类编码)、DLMC(地类名称)。

(2)属性赋值完成后，对矢量化成果进行拓扑错误检查与修改。

(三)成果提交

提交拓扑错误检查与修改之后的矢量化成果，提交格式为个人地理数据库或文件地理数据库，地理数据库以自己的"学号+姓名"命名。

实验四　数据编辑

一、实验目的

(1)熟练掌握在属性表中添加、删除字段,替换和查找内容等操作。

(2)能够对图形要素进行复制、粘贴、合并、分割等操作。

二、实验准备

(一)实验数据

存储路径	名称	格式	图层类型
实验四\实验数据	XZJQH	shp	面图层
实验四\实验数据	XZQ	shp	面图层

(二)软件准备

ArcGIS10.0 中文版。

三、实验内容和步骤

(一)属性编辑

1. 字段编辑

1)字段类型

在 ArcGIS 中,要素的属性值可存储为七种数据类型,即短整型(short integer)、长整型(long integer)、浮点型(float)、双精度型(double)、文本型(text)、日期型(date)和二进制大对象(binary large object,BLOB)。

其中,短整型、长整型、浮点型及双精度型均属于数值型字段。如存储数字为整数时可选择短整型或长整型;如需要存储含有小数点的数字时可选择浮点型或双精度型。

文本型字段表示一系列字母、数字符号,其中可包括街道名称、特性属性或其他文本描述,如存储名称时可选择文本型。

日期数据类型可存储日期、时间或同时存储日期和时间。

BLOB 可存储较长的二进制数据。ArcGIS 会将注记和尺寸存储为 BLOB,图像、多媒体或编码的位等项也可存储在此类型的字段中。

在添加字段时,一定要考虑字段的长度,长度过长会造成数据冗余,而长度过短又会导致字段中存储的内容不能完全显示。例如,字段长度为 8 个字节,存储"中华小学"刚好合适;若字段长度仅为 6 个字节,则只能显示"中华小",不能完全显示所要表达的内容。

表 4.1　ArcGIS 数据类型表

数据类型	可存储的数值范围	大小(字节)	应用程序
短整型	−32 768～32 767	2	特定数值范围内不含小数值的数值、编码值
长整型	−2 147 483 648～2 147 483 647	4	特定数值范围内不含小数值的数值
浮点型(单精度浮点数)	−3.4E38～1.2E38	4	特定数值范围内包含小数值的数值
双精度型(双精度浮点数)	−2.2E308～1.8E308	8	特定数值范围内包含小数值的数值

2)字段编辑

字段编辑主要包括对属性表字段的添加、删除等操作,具体步骤如下:

(1)在 ArcMap 中加载相应的图层,选中图层,然后点击鼠标右键,选择打开属性表。

(2)通过属性表中的表选项,进行添加字段操作,并可以设置字段的名称、类型和长度,如图 4.1 所示。

(3)选中一个字段,点击鼠标右键弹出下拉菜单,可以对选中的字段进行相应的操作。主要包括升序、降序及高级排列,对于可以统计面积的字段可进行面积的统计,以及可以查看字段的属性等操作,如图 4.2 所示。

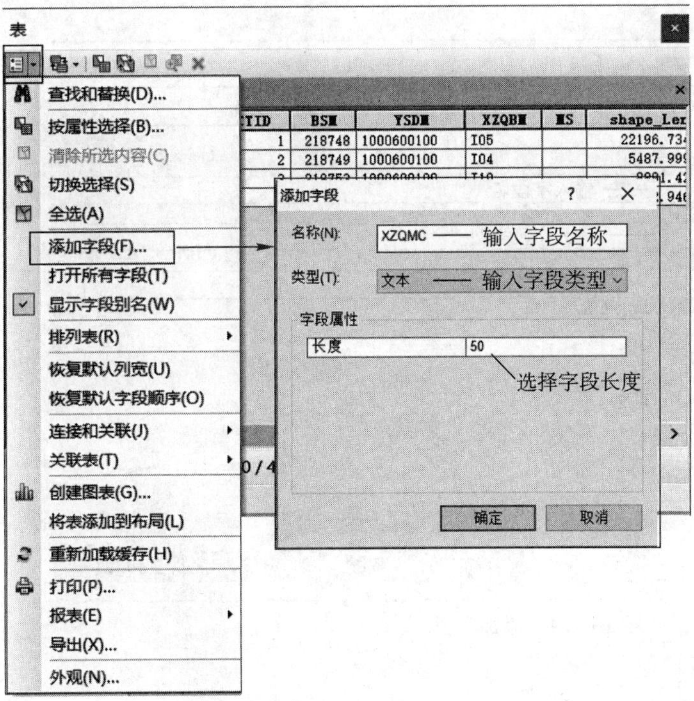

图 4.1　添加字段

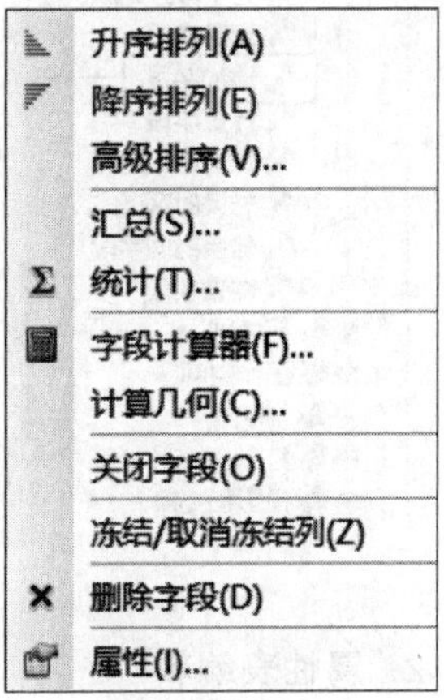

图 4.2　字段操作

除了上述方法之外,还可以借助工具箱对字段进行批量删除和添加操作,具体步骤为:

(1)打开 ArcToolbox,点击【数据管理工具】→【字段】,可选择删除字段或添加字段的操作。

(2)选择相应的操作,如点击【删除字段】,弹出“删除字段”对话框,首先在“输入表”中选择相应的图层,然后勾选需要删除的字段,这样便可进行批量删除字段的操作,如图 4.3 所示。除此之外,还可以进行添加字段操作,如图 4.4 所示。

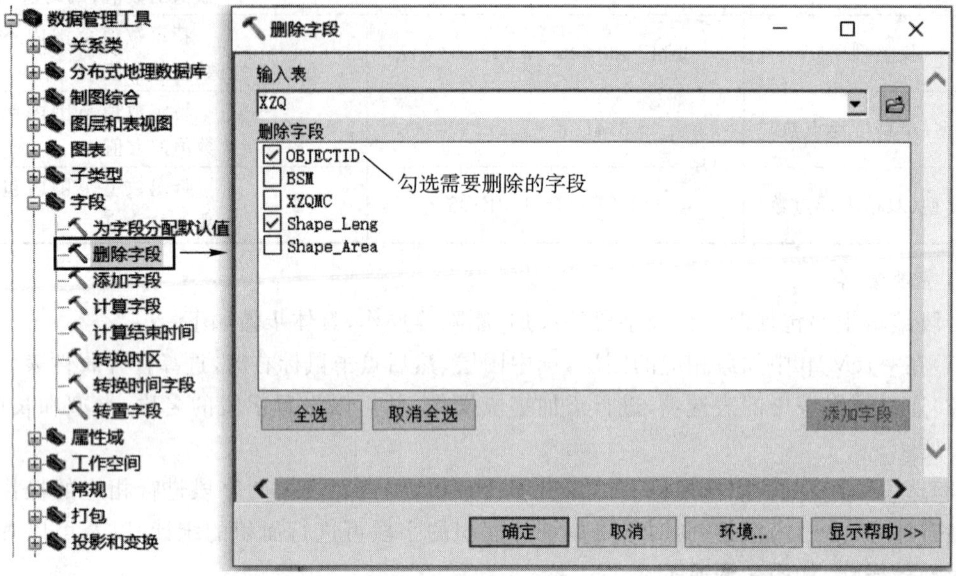

图 4.3 删除字段

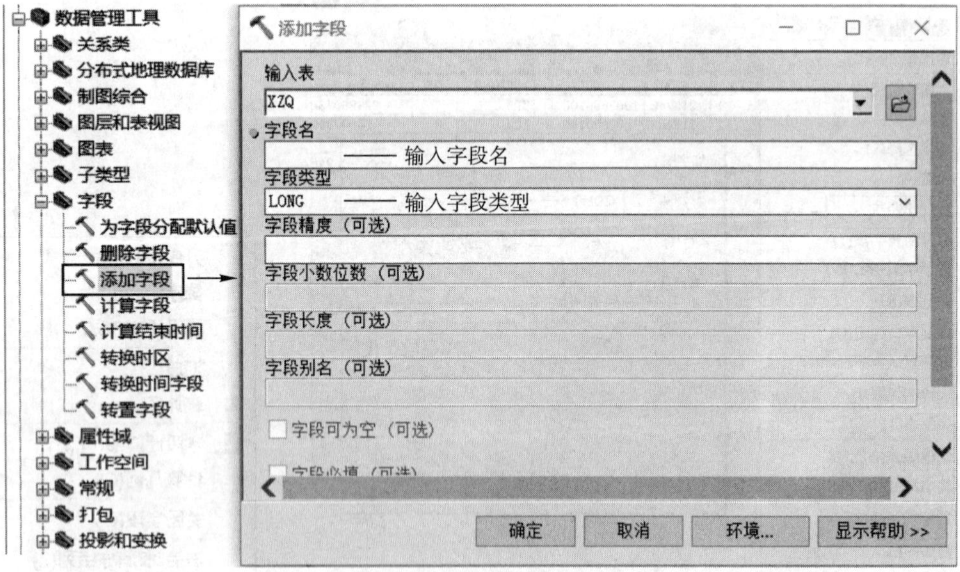

图 4.4 添加字段

2. **属性表编辑**

打开编辑器工具,选择所要编辑的目标图层,然后点击编辑器工具条中的

,选择相应的编辑要素,使其处于选中状态,然后在地图显示窗口的任意位置点击鼠标右键选择【属性】,可直接对选中图斑的属性进行编辑,如图 4.5 所示。

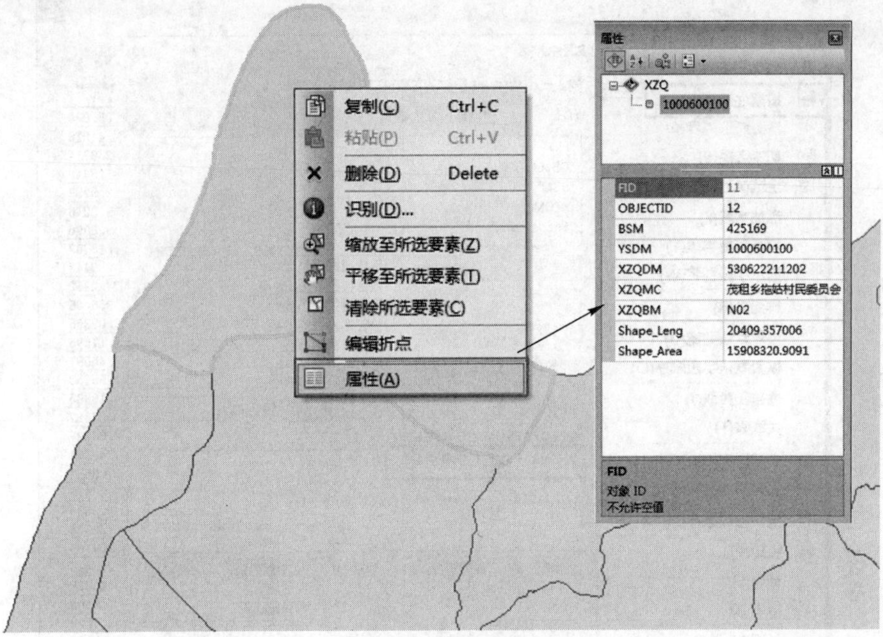

图 4.5　编辑属性表

另外,还可选择该图层,然后点击鼠标右键选择【打开属性表】,通过属性表中的表选项对属性表中的内容进行查找和替换、按属性选择等操作(图 4.6、图 4.7)。注意,只有当图层处于编辑状态时,才能进行替换操作。另外,还可以根据属性选择的结果将其导出为一个新的图层,如图 4.8 所示。

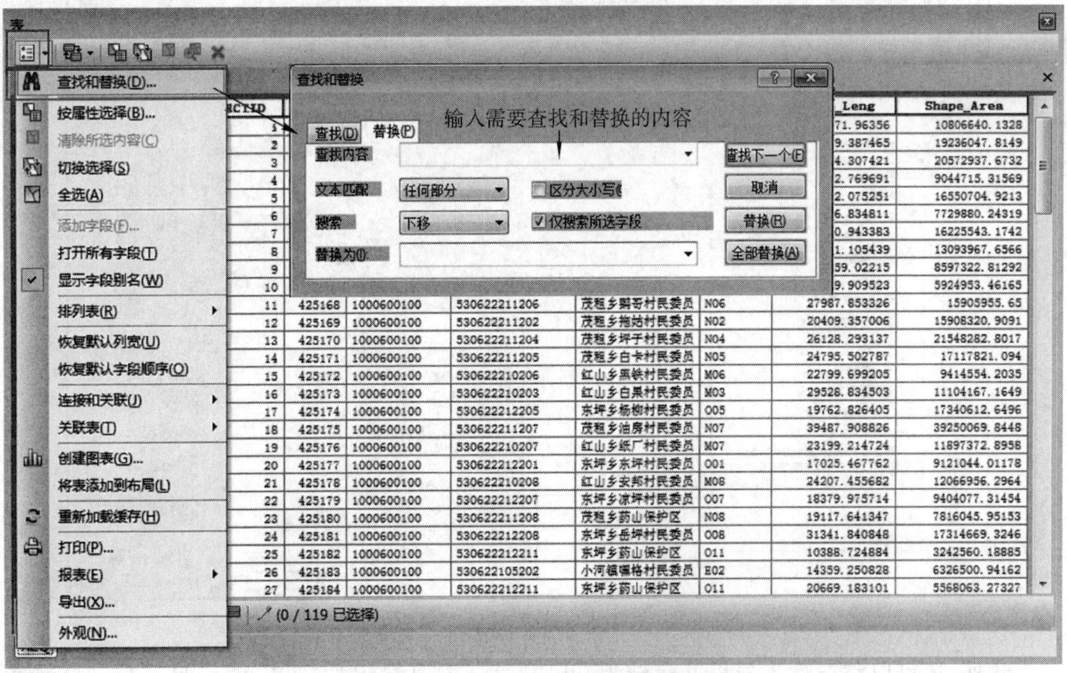

图 4.6　对属性表中的内容进行查找和替换

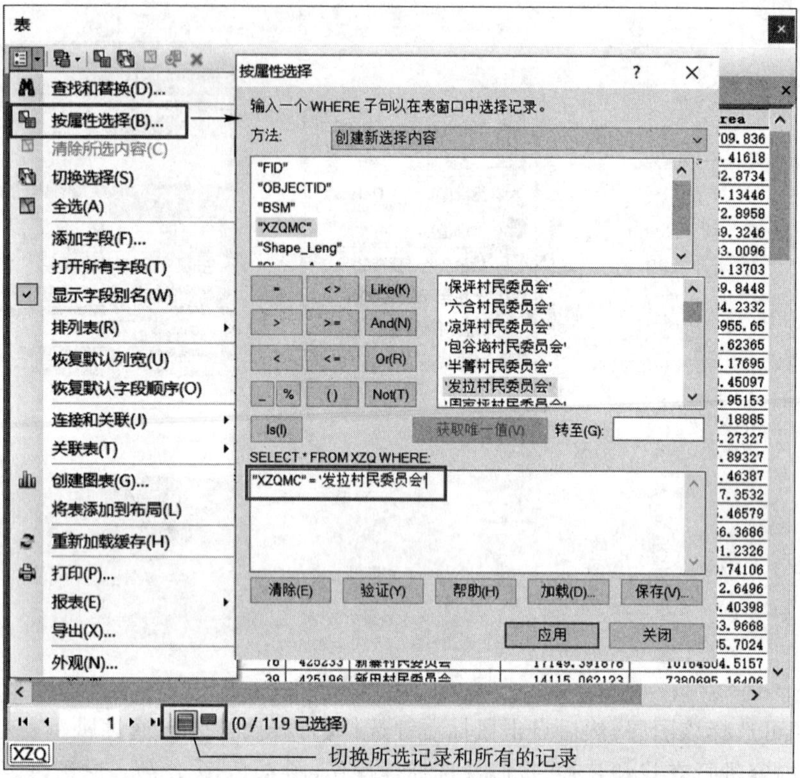

图 4.7 对属性表中的内容按属性进行选择

图 4.8 对属性表中所选要素导出并保存

此外，还可以将属性表导出并存储为.dbf 格式。打开导出的.dbf 文件，另存为.xls 格式，则可以使用 Excel 对表格进行编辑，如图 4.9 所示。

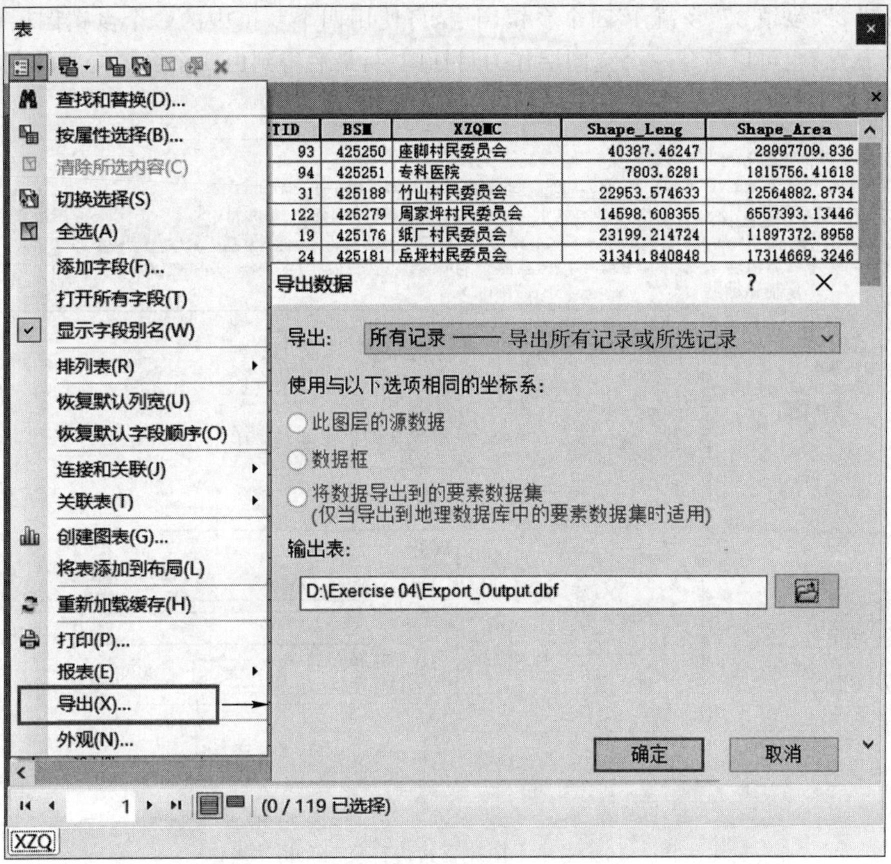

图 4.9　导出属性表

(二)图形编辑

1. 图形要素的复制、粘贴

对图形要素的复制包括单个图斑要素的复制及整个图层的复制。

1)单个或多个图斑要素的复制、粘贴

打开编辑器工具,使所选图层处于编辑状态,此时将单个或多个图斑要素处于选中状态,然后点击复制后,再进行粘贴(需要选择粘贴的目标图层)。这样便可以完成单个或多个要素图斑的复制、粘贴工作,并可对粘贴的图斑进行移动,如图 4.10 所示。

2)整个图层的复制、粘贴

图形复制时,除了可以对单个或多个图斑要素进行复制、粘贴外,还可以对整个图层进行复制、粘贴。首先,将整个图层中的所有要素处于选中状态,然后再进行复制和粘贴操作。

具体步骤如下:

首先选择图层,点击鼠标右键选择【打开属性表】→【表选项】→【全选】。此时图层中的所有要素处于选中状态,然后点击复制和粘贴(同样需要选择粘贴的目标图层),如图 4.11 所示。

在实际工作中,经常需要将一个县级行政区按照乡镇边界分别导出新的图层,或者需要将多个乡镇图层合并为一个县级行政区图层。前者需要按属性选择后分别导出数据,存储为多个新的图层;后者可以使用复制和粘贴功能将多个乡镇图层合并为一个县图层。例如,有“乡镇 1”“乡镇 2”“乡镇 3”“乡镇 4”四个乡镇图层，可使用四个乡镇中的一个乡镇图层作为目标图层进行粘贴，也可以新建一个空图层作为目标图层，最后得到由四个乡镇构成的全县行政区图层，如图 4.12 所示。

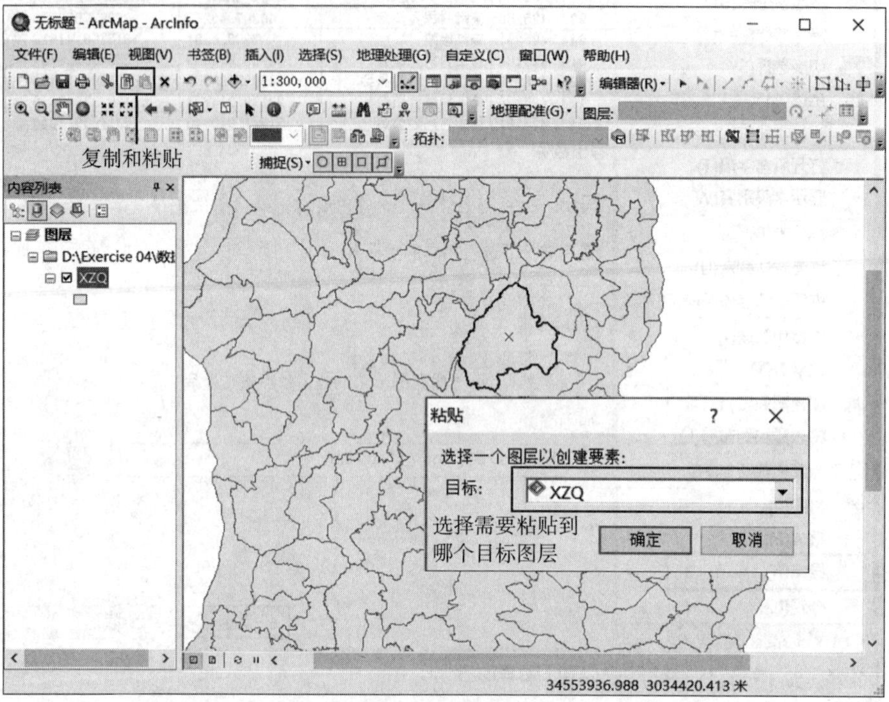

图 4.10　对单个图斑要素进行复制和粘贴操作

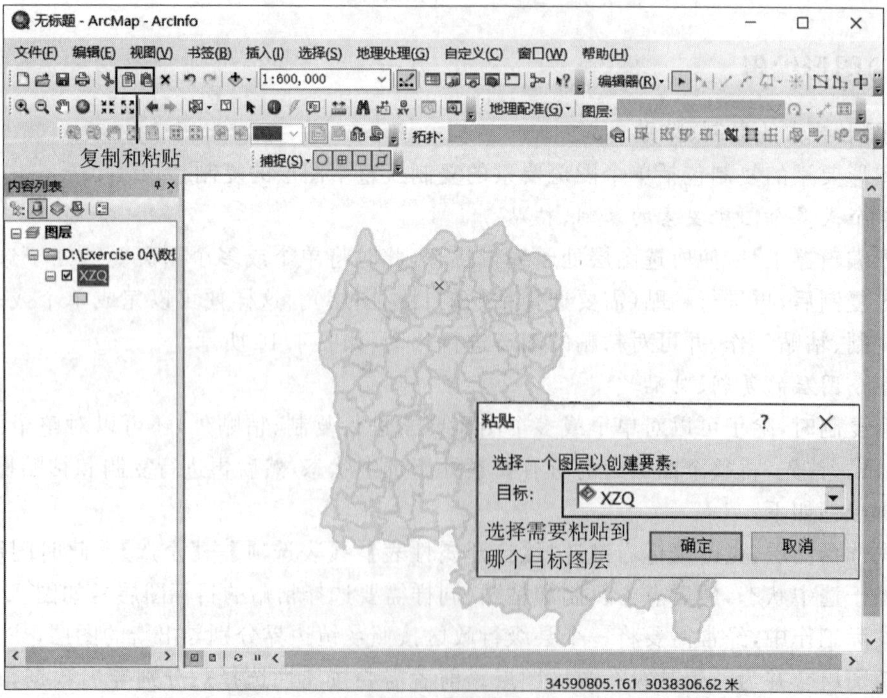

图 4.11　对整个图层所有要素进行复制和粘贴操作

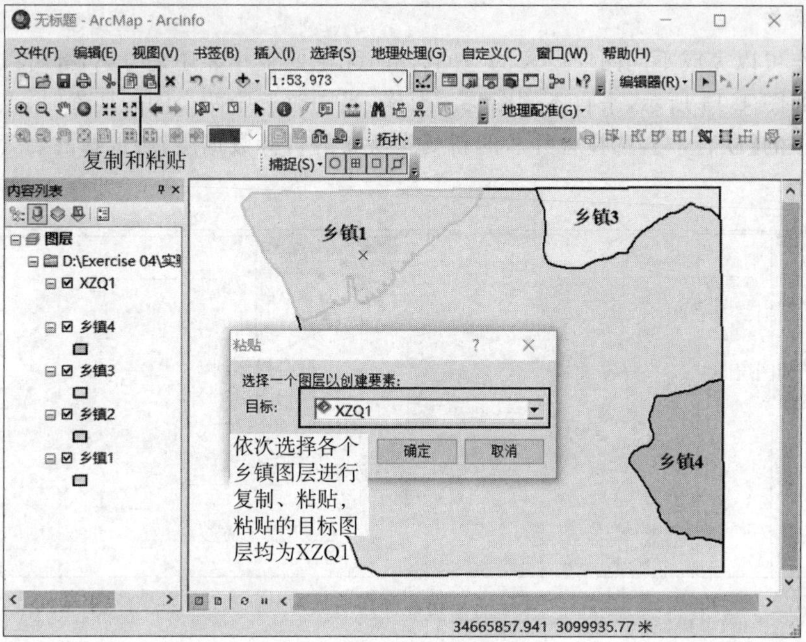

图 4.12　复制、粘贴操作

2. 图形要素的合并与分割

图形要素的编辑操作主要包括合并、联合及分割。

1)合并操作

合并操作可以完成同层要素空间合并，即参与合并的要素存储在同一个图层中。无论要素是相邻的还是分离的，都可以合并生成一个新要素，新要素一旦生成，原来的要素被自动删除。具体操作步骤如下：

(1)打开编辑器工具，使图层处于编辑状态。

(2)使需要合并的要素处于选中状态，然后点击编辑器工具下拉菜单中的【合并…】，此时弹出对话框，询问合并到哪个要素中，根据实际需要进行选择即可。

(3)完成图形要素的合并操作，原来的要素被自动删除，如图 4.13 所示。

图 4.13　合并操作前后对比图

2)联合操作

联合操作可以完成不同图层要素的空间合并,无论要素相邻还是分离,都可以合并生成一个新要素。如图 4.14 所示,来自不同图层的要素,当同时选中两个图斑要素时,点击编辑器工具下拉菜单中的【联合…】,选择合并后的新要素所属的目标数据层,所选择的要素被合并生成一个新要素。

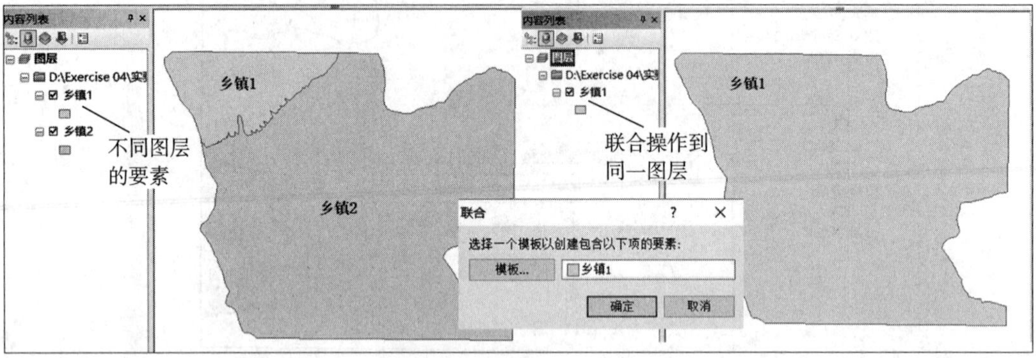

图 4.14 联合操作前后对比

3)分割(裁剪)操作

使用编辑器工具,可以实现对线要素和面要素的分割。这里仅以对面要素的分割操作进行举例说明。具体的操作步骤如下:

(1)首先利用编辑器工具中的选择按钮,使要分割的多边形处于选择状态。

(2)点击编辑器工具中的(裁剪面工具)进行操作,可以任意裁剪多边形,如图 4.15 所示。

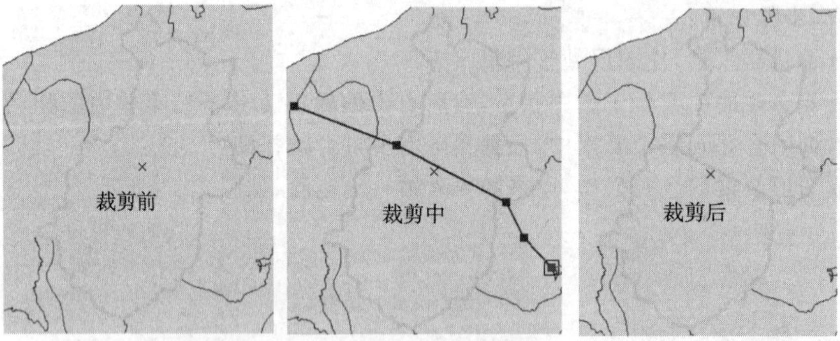

图 4.15 分割(裁剪)操作

除了上面介绍的常见的图形要素编辑操作外,使用编辑器工具条还可以进行编辑折点、修整要素等操作。

四、拓展训练

(一)拓展训练数据

存储路径	名称	格式	图层类型
实验四\拓展训练数据	XZJQH	shp	面图层

(二)拓展训练要求

(1)根据拓展训练数据,对 XZJQH. shp 图层进行“按属性选择”操作(可选择 XZQMC 字段),将每个乡镇分别导出一个单独的图层,并以该乡镇名称进行命名,例如玉树镇,则命名为“玉树镇. shp”。

(2)首先将步骤(1)中得到的各个乡镇图层(共九个图层数据)合并为一个图层(名称为 XZQ. shp),然后对 XZQ. shp 图层进行删除“YSDM”字段、添加“XZQBH”字段操作,最后按照“从上往下、从左往右”的原则依次将个乡镇“XZQBH”字段赋值为 A、B、C 等字母。

(3)在步骤(2)的基础上,将玉树镇、上高乡合并为玉树镇,将天桥镇任意分割(裁剪)为两个区域。

(三)成果提交

(1)提交各个乡镇图层。

(2)提交最终成果 XZQ. shp 图层。

实验五　数据格式转换

一、实验目的

(1)熟练掌握 MapGIS 与 ArcGIS 的数据转换、AutoCAD 与 ArcGIS 的数据转换。

(2)熟练掌握 Excel 点坐标数据到 ArcGIS 的点、线、面数据的转换。

(3)了解 ArcGIS 常用的数据格式,掌握 ArcGIS 数据自身格式转换。

二、实验准备

(一)实验数据

存储路径	名称	格式	图层类型
实验五\实验数据	DGX	WL	线图层
实验五\实验数据	XZQ	shp	面图层
实验五\实验数据	Excel 点坐标数据	xls	表格数据

(二)软件准备

ArcGIS10.0 中文版。

三、实验内容和步骤

(一)不同软件格式之间的转换

1. MapGIS 与 ArcGIS 的数据转换

1)MapGIS 格式转换为 ArcGIS 格式

启动【MapGIS 主菜单】→【图形处理】→【文件转换】→【装入需转换的点、线、面文件】→【输出】→【输出 SHAPE 文件】→【设置保存路径及文件名】。此转换过程最好不要进行区转换,应通过先转换相应边界线文件,然后在 ArcGIS 中将线要素转换为面要素。还需要注意空间数据相应的属性数据转换,如图 5.1 所示。

2)ArcGIS 转换为 MapGIS 格式

启动【MapGIS 主菜单】→【图形处理】→【文件转换】→【输入】→【装入 SHAPE 文件】→装入需要转换的点、线、面文件。例如,装入面文件,点击鼠标右键选择【复位窗口】,查看装入的 Shape 文件,然后选择【文件】→【保存区/换名存区】,将 Shape 文件保存为区文件。若装入点文件或线文件,则需要选择【文件】→【存点/换名存点】或【保存线/换名存线】,如图 5.2 所示。最后,可在 MapGIS 中打开转换之后的文件,查看转换结果。

2. AutoCAD 与 ArcGIS 的数据转换

1)AutoCAD 格式转换为 ArcGIS 格式

AutoCAD 的数据格式为 Dwg,ArcGIS 常用的格式为 Shapefile,AutoCAD 到 ArcGIS 格式的转换,实际上是指 Dwg 向 Shapefile 的格式转换。

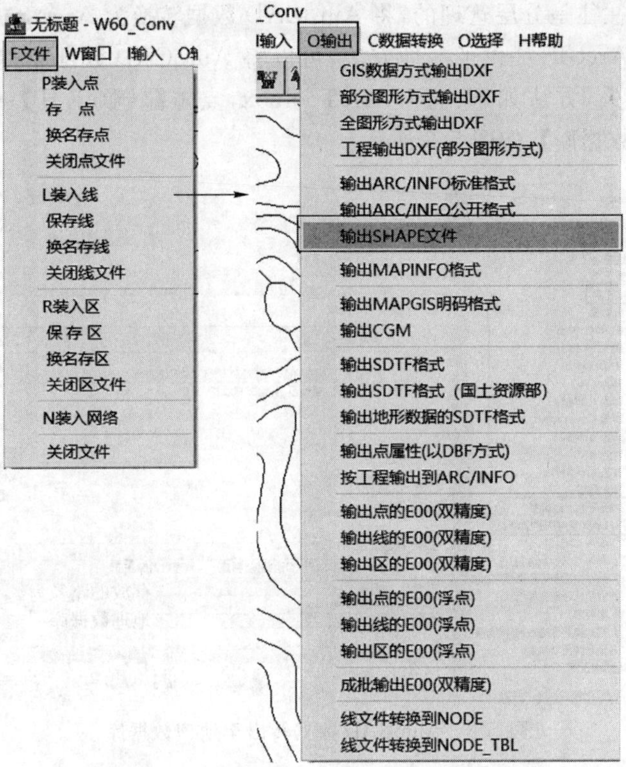

图 5.1　MapGIS 数据到 ArcGIS 数据转换

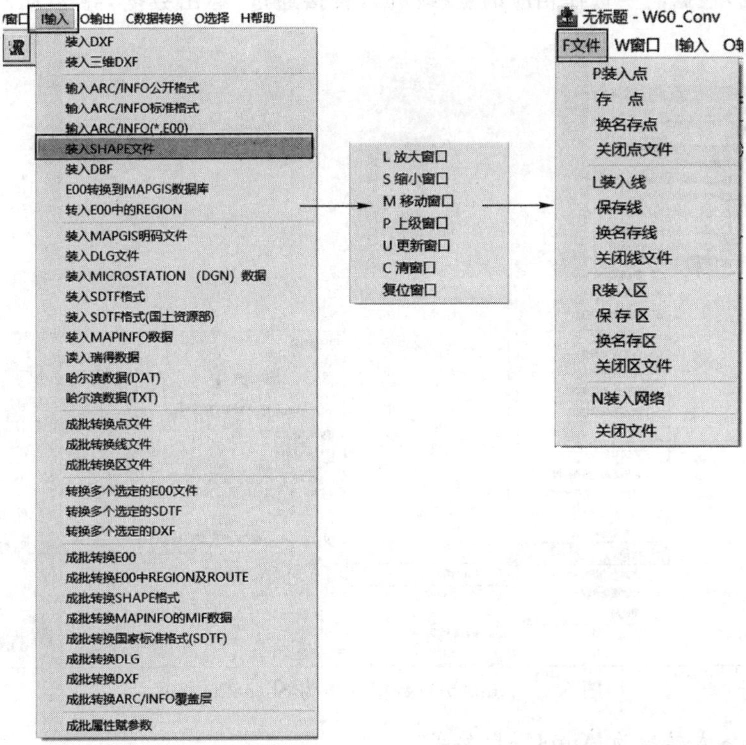

图 5.2　ArcGIS 转 MapGIS 对话框

AutoCAD 数据往往是分层管理的，将 AutoCAD 数据转换为 ArcGIS 数据，最担心的莫过于丢失了属性数据，ArcGIS 提供了一种方法，可以将 AutoCAD 数据完整的转换为地理数据库，属性信息不会丢失，方法如下：打开 ArcToolbox，点击【转换工具】→【转出至地理数据库】→【CAD 至地理数据库】，如图 5.3 所示。

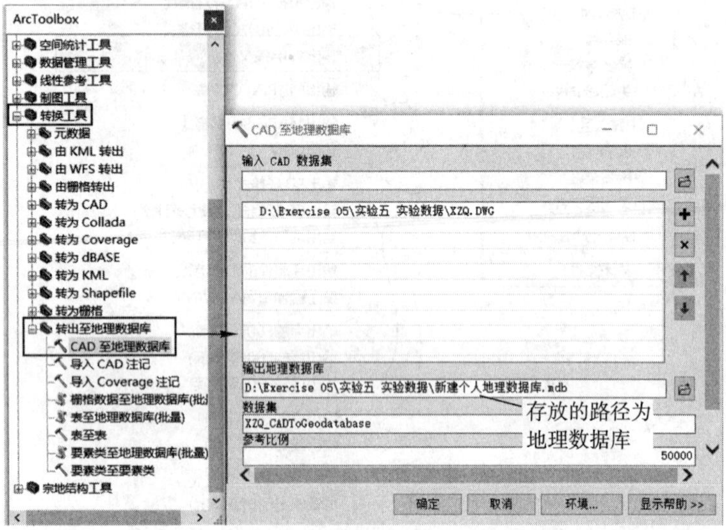

图 5.3 AutoCAD 数据转出至地理数据库

AutoCAD 数据转换为 ArcGIS 数据，除了上述方法外，还可以直接将 AutoCAD 文件在 ArcMap 中加载，根据需要选择相应的点、线、面，直接通过“导出数据”导出为 Shapefile 格式，如图 5.4 所示。

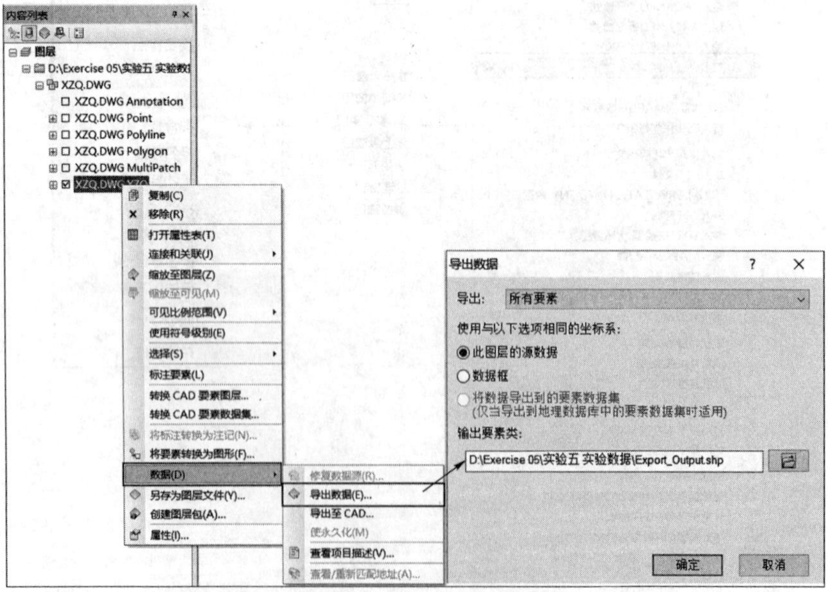

图 5.4 AutoCAD 数据导出为 Shapefile 格式

2）ArcGIS 格式转换为 AutoCAD 格式

在 ArcGIS 软件中可直接输出 AutoCAD 格式的文件，如图 5.5 所示。

转换完成后，在 AutoCAD 软件中打开转换得到的“aaa. DWG”文件，进行查看。

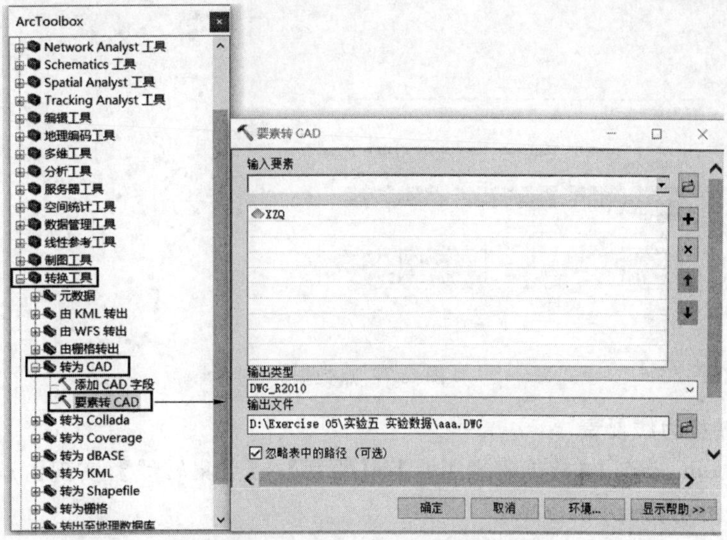

图 5.5　Shapefile 格式转 AutoCAD 格式

(二)Excel 点坐标数据到 ArcGIS 的点、线、面数据的转换

1. Excel 点坐标数据转换为 ArcGIS 的点数据

(1)新建 Excel 表格时要求第一列为点号，接着两列为 *X*、*Y* 坐标，表格第一行字段名称为 ID(序号)、*X*、*Y*。

(2)导入 ArcGIS 的步骤为：点击【文件】→【添加数据】→【添加 XY 数据…】，选择表格、坐标系，如图 5.6 所示。此时加载的点数据并不是真正的点数据(图 5.7)，需要在 ArcMap 内容窗口中选择“Sheet1 $ 个事件”图层，然后点击鼠标右键选择【数据】→【导出数据…】，导出为 Shapefile 格式的点数据。

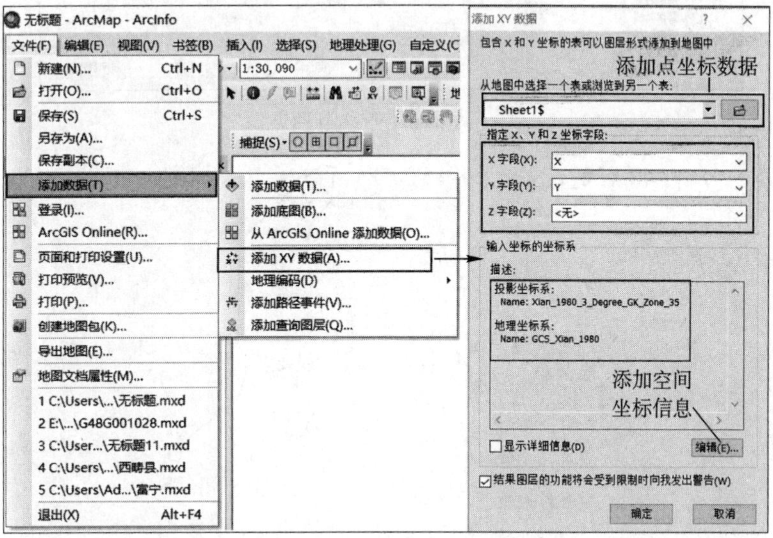

图 5.6　在 ArcGIS 中添加点坐标数据

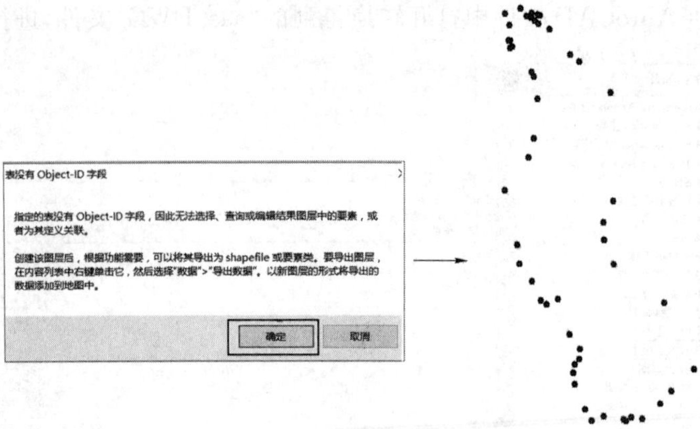

图 5.7　点数据

2. 点要素转换为线要素

打开 ArcToolbox，点击【数据管理工具】→【要素】→【点集转线】，实现由点要素转换为线要素，如图 5.8、图 5.9 所示。

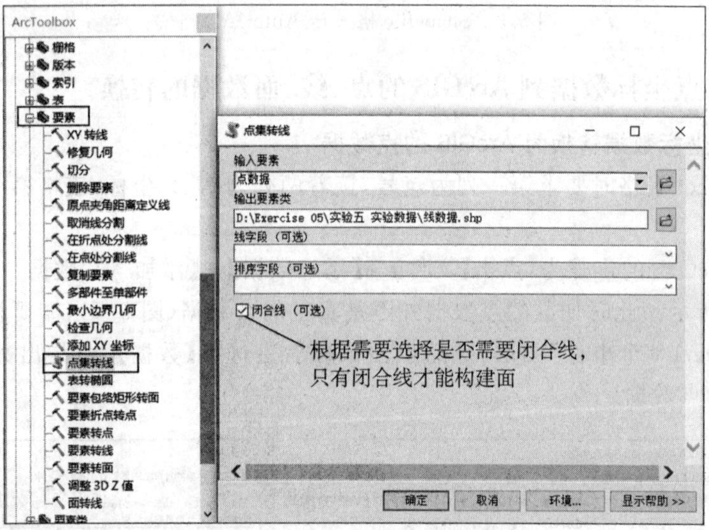

图 5.8　点集转线对话框

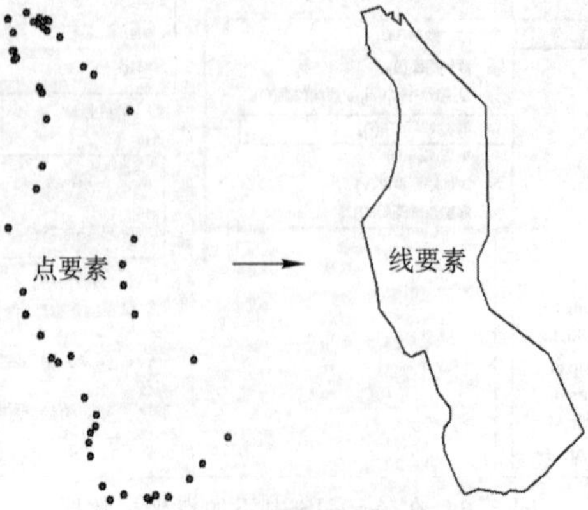

图 5.9　点要素转换为线要素

3. 线要素转换为面要素

打开 ArcToolbox，点击【数据管理工具】→【要素】→【要素转面】，实现由线要素转换为面要素，如图 5.10 所示。

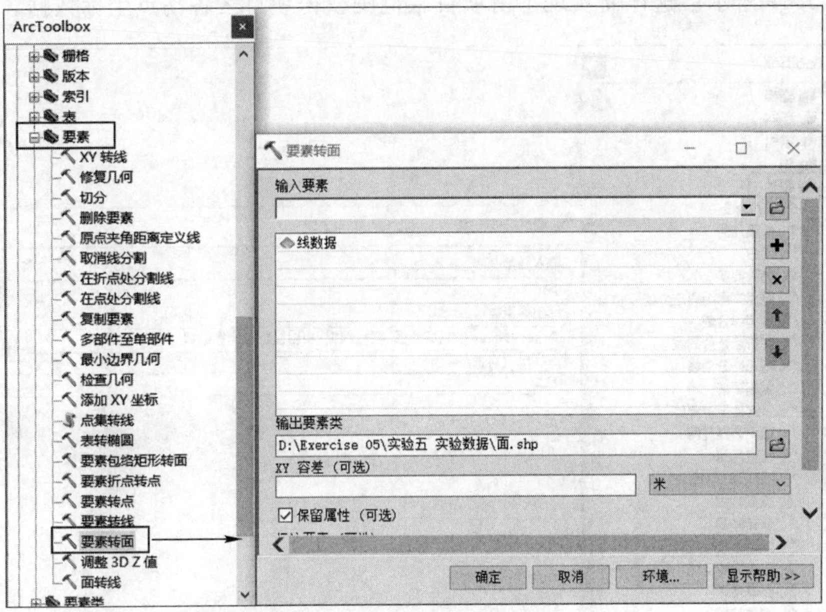

图 5.10　要素转面对话框

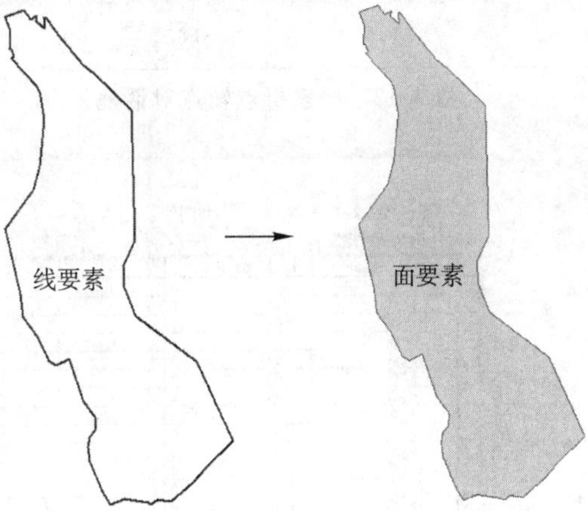

图 5.11　线要素转换为面要素

4. 面要素转换为点要素

在实际工作中，还可以将面要素转换为线要素、线要素转换为点要素。例如，可根据项目区的范围，获得项目区的拐点坐标。具体操作步骤如下：

(1)打开 ArcToolbox，点击【数据管理工具】→【要素】→【要素折点转点】，实现由面要素转换为点要素，得到“项目区折点坐标数据.shp”数据，如图 5.12 所示。

(2)选择【项目区折点坐标数据】图层，点击鼠标右键打开属性表。添加字段 X、Y，然后选中字段 X，点击鼠标右键选择【计算几何 ...】，获得 X 坐标。采用同样的方法，对字段 Y 进行“计算几何”，获得 Y 坐标，如图 5.13～图 5.15 所示。

(3)可将属性表导出,获得每个点的坐标,导出为"项目区折点坐标数据.dbf",如图 5.16 所示 。

(4)使用 Excel 软件打开"项目区折点坐标数据.dbf"文件,可查看项目区各个拐点的坐标数据,如图 5.17 所示。这样便实现了由项目区范围获得项目区各拐点坐标数据。

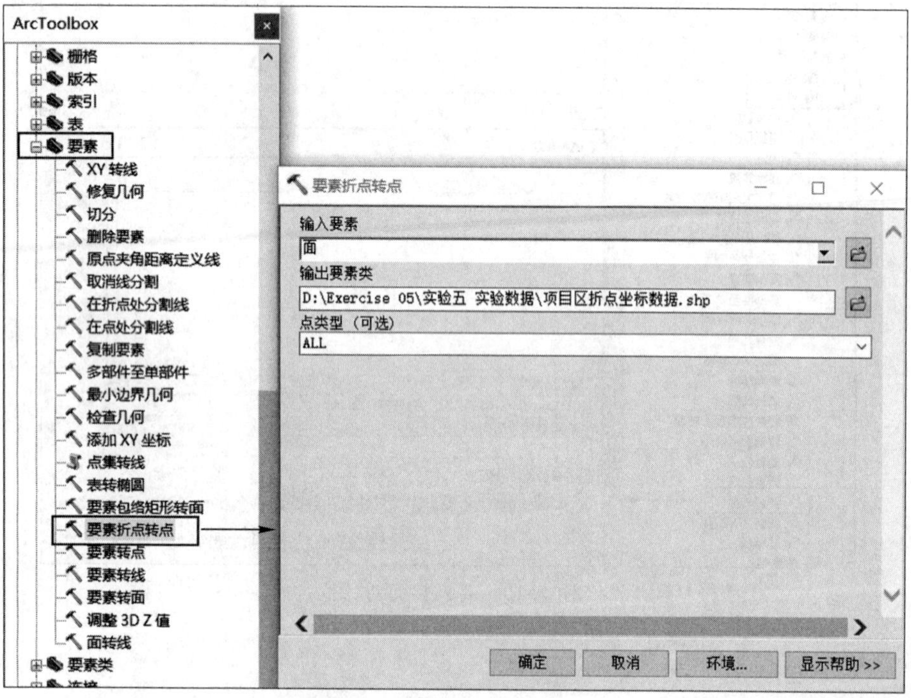

图 5.12　要素折点转点对话框

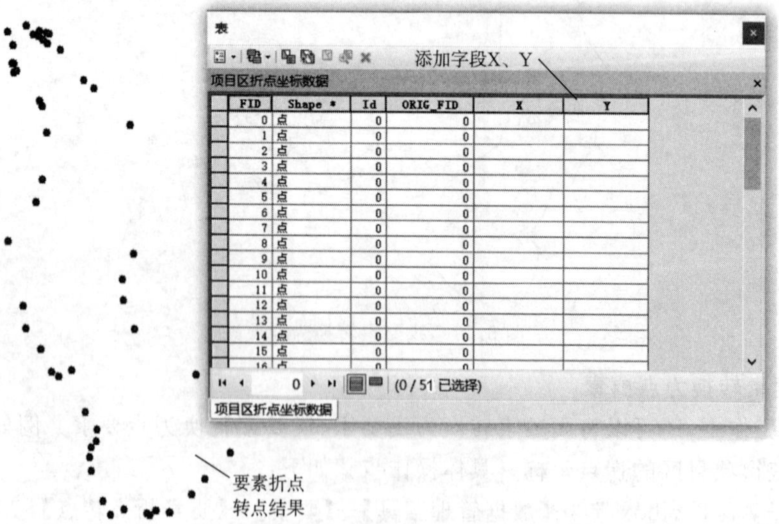

图 5.13　添加字段 X、Y

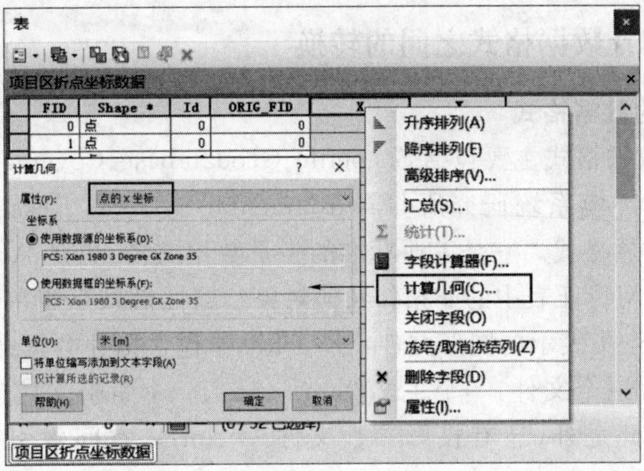

图 5.14　计算几何对话框

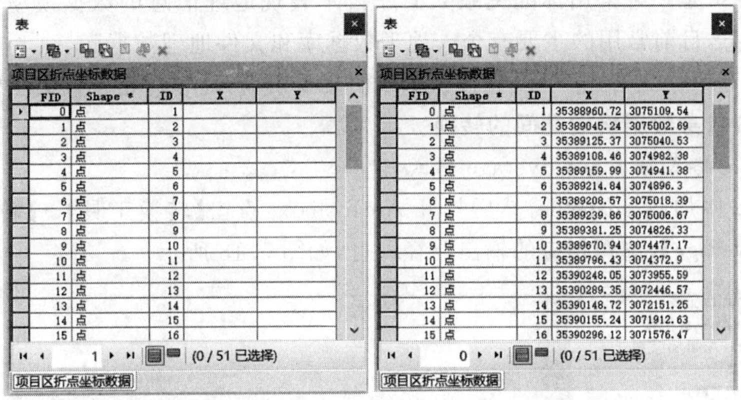

（a）坐标赋值前　　（b）坐标赋值后

图 5.15　坐标赋值前后对比

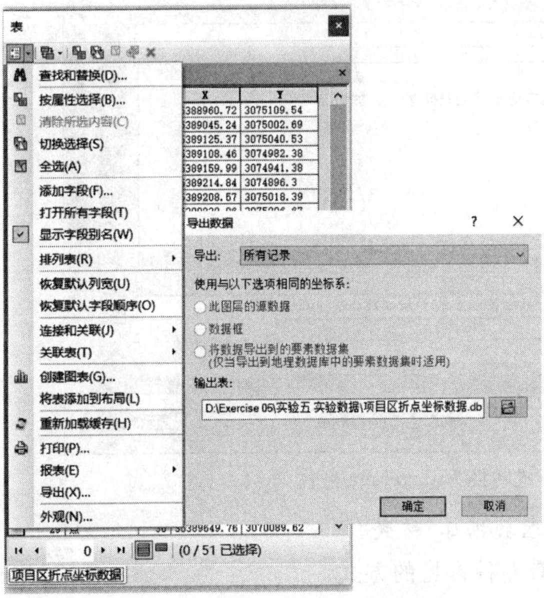

图 5.16　将坐标数据属性表导出

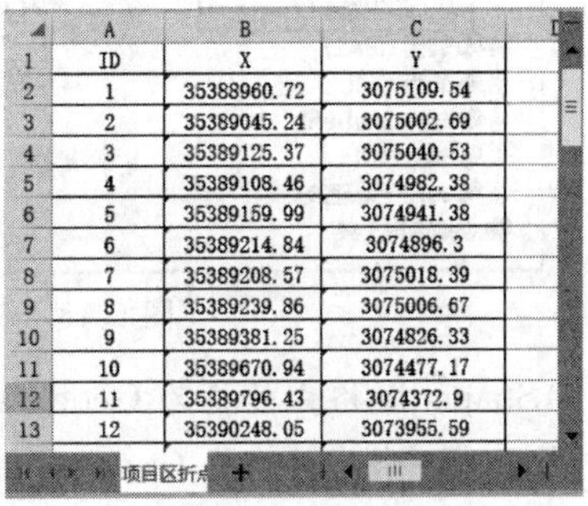

图 5.17　使用 Excel 打开文件查看坐标数据

(三)ArcGIS 自身数据格式之间的转换

1. ArcGIS 常见的数据格式

ArcGIS 常见的数据格式主要包括 Shapefile、Geodatabase、Coverage 三种。

Shapefile 是美国环境系统研究所(Environmental Systems Research Institute,Esri)于 1992 年推出的矢量数据格式。它是工业标准的矢量数据文件,也是 ArcGIS 中最常用的数据格式。Shapefile 将空间特征表中的非拓扑几何对象和属性信息存储在数据集中,特征表中的几何对象存储为坐标点集表示的图形文件,Shapefile 不包含拓扑数据结构。一个完整的 Esri 的 Shapefile 至少包含三个文件:一个主文件(*.shp)、一个索引文件(*.shx)和一个 dBase 表文件(*.dbf)。除此之外,还有投影参数文件(*.prj)、空间索引文件(*.sbn)和(*.sbx)、元数据文件(*.shp.xml)。

Geodatabase 是一种采用标准关系数据库技术表现地理信息的数据模型,用于管理和存储各种空间信息,目前常用的主要有个人地理数据库和文件地理数据库。

Coverage 是一个集合,它可以包含一个或多个要素类,是一种拓扑数据结构。

2. ArcGIS 自身数据格式之间的转换

1)Shapefile 格式转换为 Coverage 格式

在 ArcMap 中加载 Shapefile,然后打开 ArcToolbox,点击【转换工具】→【转为 Coverage】→【要素类转 Coverage】,选择相应的输出路径即可,如图 5.18 所示。

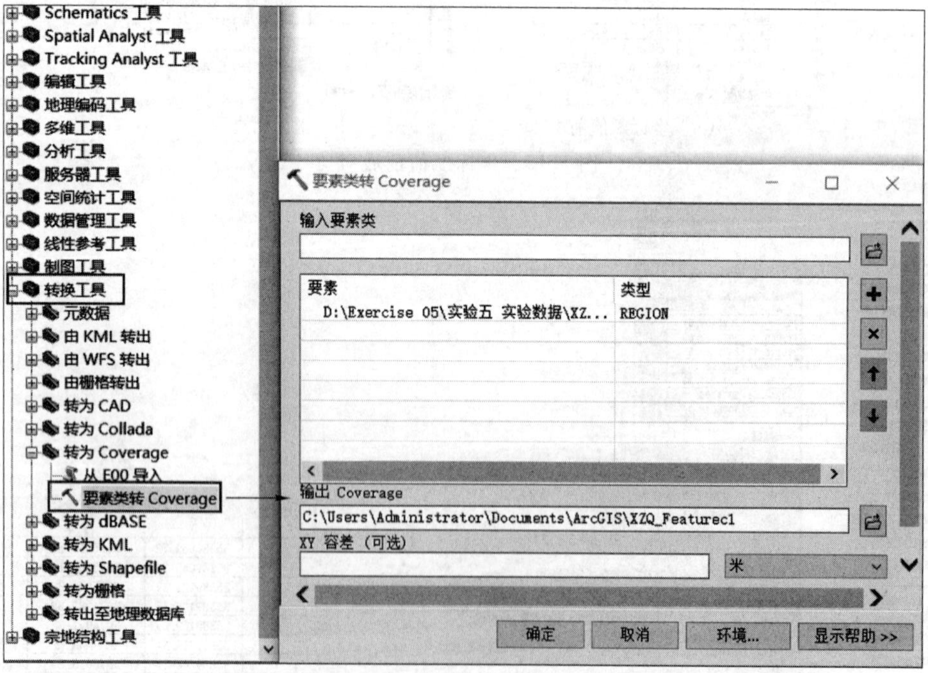

图 5.18 Shapefile 格式转换为 Coverage 格式

2)Shapefile 格式转换为 Geodatabase(地理数据库)格式

Shapefile 格式转换为 Geodatabase 格式有两种常见的方式:

(1)在 ArcMap 中加载 Shapefile,然后选中图层,点击鼠标右键选择【数据】→【导出数据…】,导出的存储路径选择地理数据库,如图 5.19 所示。

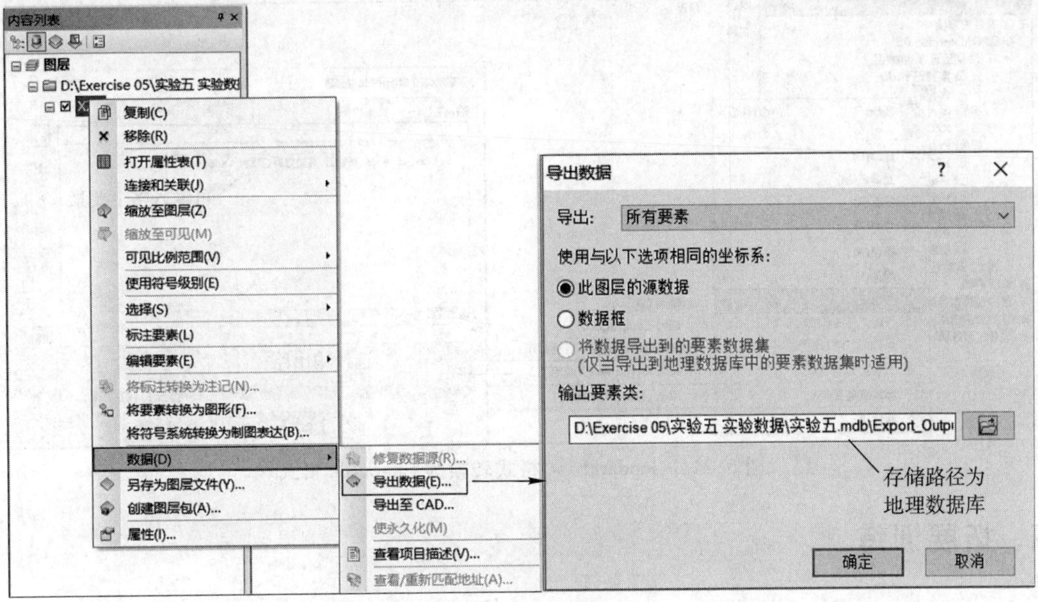

图 5.19　Shapefile 格式转换为 Geodatabase 格式方法一

(2)在 ArcCatalog 中,可以通过选择要素数据集,然后通过导入的方式将 Shapefile 导入 Geodatabase 中,如图 5.20 所示。当导入的是单个 Shapefile 时,选择【要素类(单个)…】,在对话框中需要填写输出要素类名称;当导入的是多个 Shapefile 时,选择【要素类(多个)…】,在对话框中不需要再填写要素类名称,导入后的要素类名称与导入前保持一致。

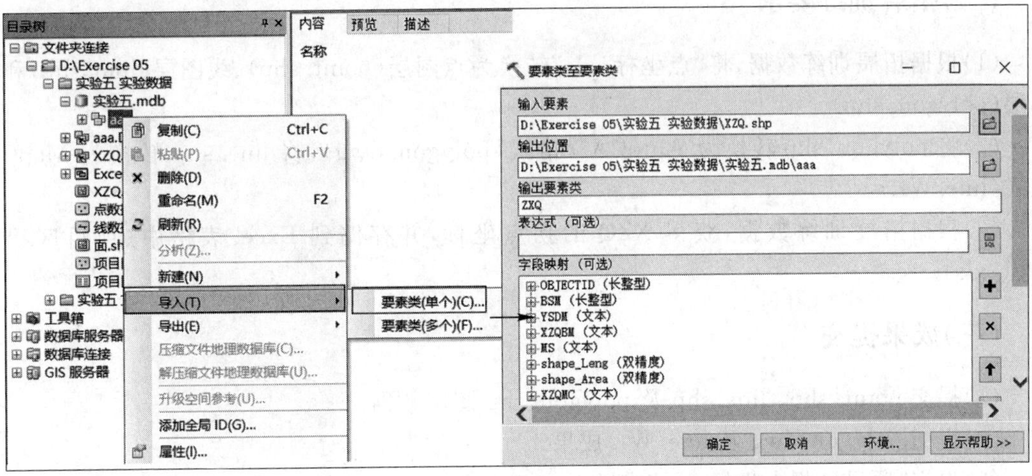

图 5.20　Shapefile 格式转换为 Geodatabase 格式方法二

3)Geodatabase 格式转换为 Shapefile 格式

将 Geodatabase 格式转换为 Shapefile 格式,若转换的是单个图层要素,则可以在 ArcMap 中加载 Shapefile,点击鼠标右键选择【数据】→【导出数据…】,导出的位置不再选择存储到地理数据库中,而是重新选择新的路径保存为 Shapefile 格式即可。

若需要将 Geodatabase 的数据批量转换为 Shapefile 格式,则可以在 ArcCatalog 中操作,如图 5.21 所示。

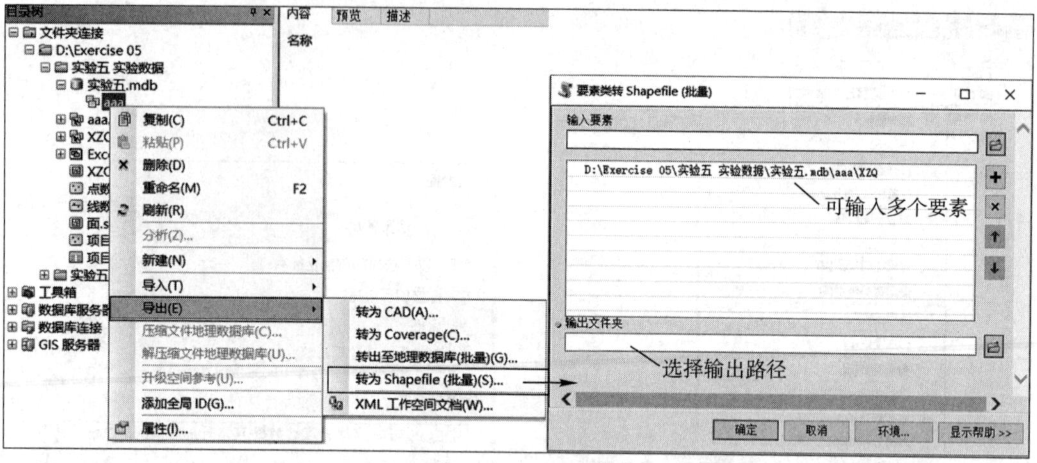

图 5.21 Geodatabase 格式转换为 Shapefile 格式

四、拓展训练

(一)拓展训练数据

存储路径	名称	格式	图层类型
实验五\拓展训练数据	点坐标	xls	表格数据
实验五\拓展训练数据	XZQ	shp	面图层

(二)拓展训练要求

(1)根据拓展训练数据,将“点坐标. xls”转换为点图层(point. shp)、线图层(line. shp)和面图层(polygon. shp)。

(2)将 polygon. shp 转换为 AutoCAD 格式(polygon. dwg),将 line. shp 转换为 MapGIS 格式(line. WL)。

(3)根据拓展训练数据,获得 XZQ 的拐点坐标,并存储到 Excel 表格中(项目区拐点坐标. xls)。

(三)成果提交

(1)提交 point. shp、line. shp 及 polygon. shp 图层数据。

(2)提交 polygon. dwg 及 line. WL 成果。

(3)提交“项目区拐点坐标. xls”成果。

实验六　空间数据处理

一、实验目的

(1)熟练掌握栅格数据和矢量数据的裁剪、拼接操作。

(2)熟练掌握空间数据的投影变换等操作。

二、实验准备

(一)实验数据

存储路径	名称	格式	图层类型
实验六\实验数据	G48	tif	栅格数据
实验六\实验数据	G48shang	tif	栅格数据
实验六\实验数据	G48xia	tif	栅格数据
实验六\实验数据	XMQ1	shp	面
实验六\实验数据	XMQ2	shp	面
实验六\实验数据	范围线	shp	面
实验六\实验数据	JQDLTB	shp	面

(二)软件准备

ArcGIS10.0 中文版。

三、实验内容和步骤

(一)裁剪(裁切)

数据裁剪是从整个空间数据中裁切出部分区域,以便获取真正需要的数据作为研究区域,减少不必要参与运算的数据。

1. 栅格数据的裁剪

栅格数据的裁剪有很多种方法,如用圆形、点、多边形、矩形,以及利用现有矢量数据裁剪。这里主要介绍利用矩形和现有矢量数据的边界来进行裁剪。

1)利用矩形进行裁剪

具体操作步骤如下:

(1)在 ArcMap 中加载栅格数据 G48. tif。

(2)打开 ArcToolbox,点击【Spatial Analyst 工具】→【提取分析】→【用矩形提取】,如图 6.1 所示。

2)利用矢量数据范围裁剪

利用矢量数据范围裁剪是指裁剪的范围来源于已有的矢量数据或者通过新建 Shapefile

来创建裁剪范围。如果裁剪范围来源于已有的矢量数据则直接进行裁剪操作即可。当矢量数据范围需要通过新建 Shapefile 来确定时,具体操作步骤为:在 ArcCatalog 中,选择一个路径,点击鼠标右键选择【新建】→【Shapefile…】即可,如图 6.2、图 6.3 所示;然后在 ArcMap 中加载新建的图层,点击编辑器,编辑该图层,新建规则或者不规则多边形。

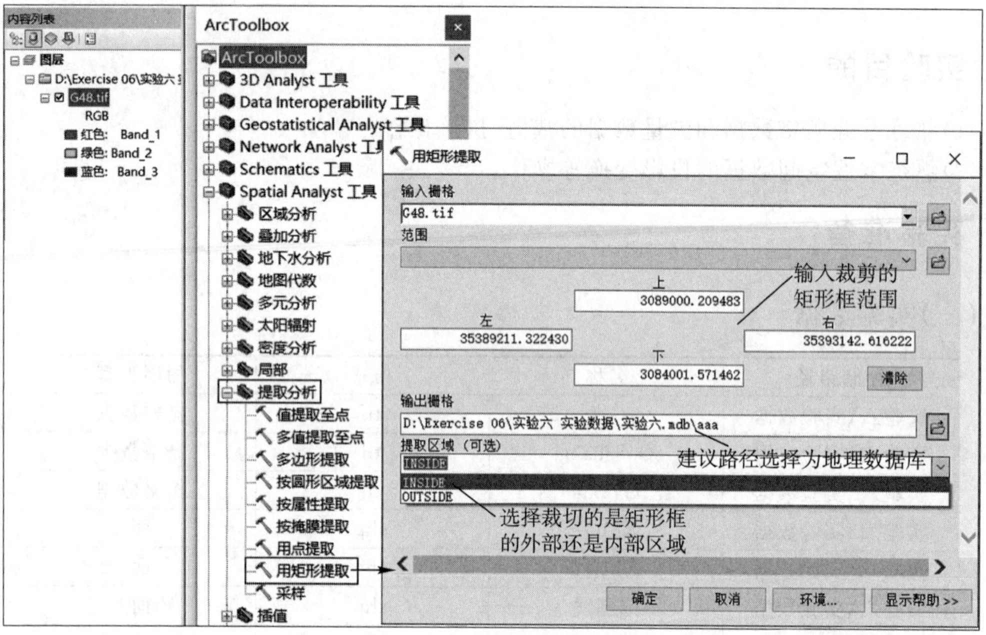

图 6.1 利用矩形进行裁剪

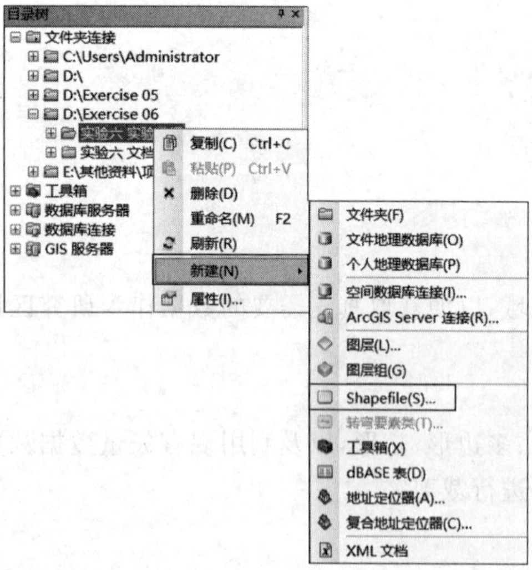

图 6.2 新建 Shapefile(a)

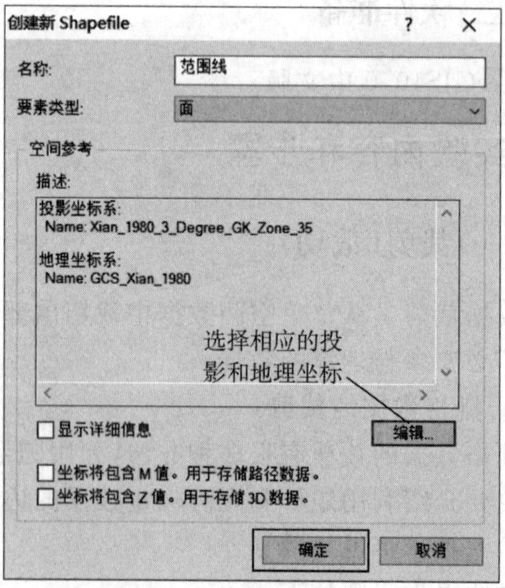

图 6.3 新建 Shapefile(b)

使用矢量数据范围裁剪的具体操作步骤如下:

(1)在 ArcMap 中加载栅格数据和矢量数据范围。

(2)打开 ArcToolbox,点击【Spatial Analyst 工具】→【提取分析】→【按掩模提取】,如图 6.4、图 6.5 所示。

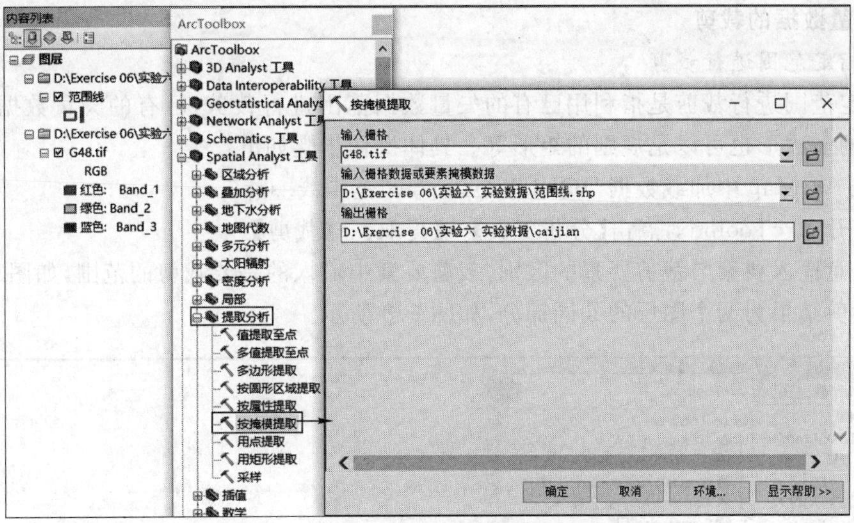

图 6.4　利用已有的矢量数据进行裁剪

除了上述两种方法外，还可以使用ArcToolbox 中的【数据管理工具】→【栅格】→【栅格数据处理】→【裁剪】实现栅格数据的裁剪，如图 6.6 所示。在“裁剪”对话框中，可以选择输出范围或手工输入要裁剪的矩形范围，当选择“输出范围(可选)”时，则需要勾选“将输入要素用于裁剪几何(可选)”；当选择手工输入要裁剪的矩形范围时，则“将输入要素用于裁剪几何(可选)”处于不可选状态。

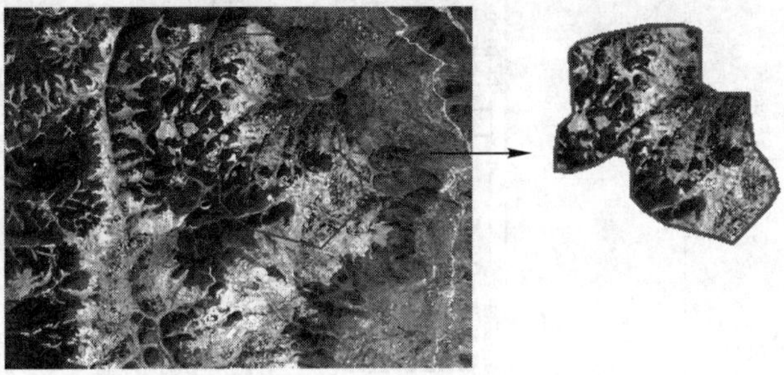

图 6.5　利用已有的矢量数据裁剪前后对比

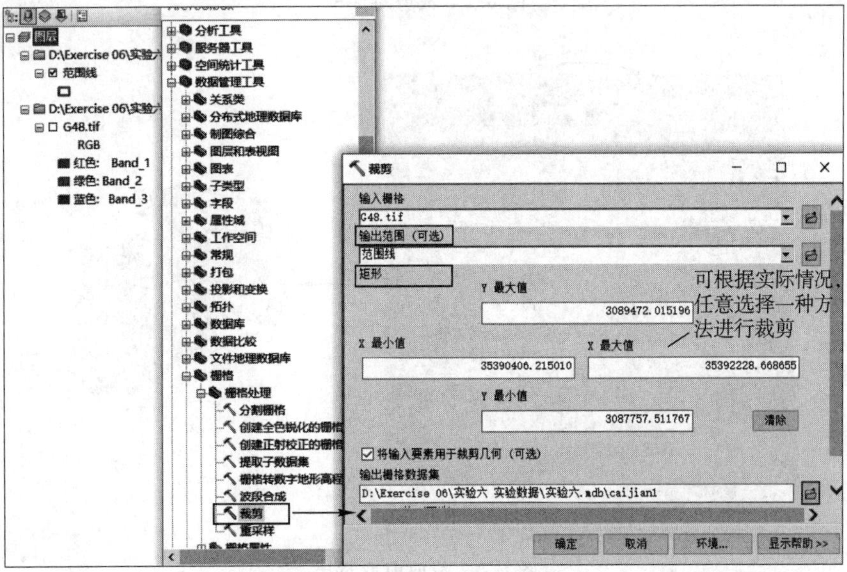

图 6.6　裁剪工具对话框

2. 矢量数据的裁剪

1)按指定范围进行裁剪

按指定范围进行裁剪是指利用已有的矢量数据范围进行裁剪,已有的矢量数据范围可以是不规则的多边形也可以是规则的矩形等。具体操作步骤如下:

(1)在 ArcMap 中加载数据“JQDLTB.shp”和“范围线.shp”。

(2)打开 ArcToolbox,点击【分析工具】→【提取】→【裁剪】。

(3)注意输入要素与裁剪要素的区别,裁剪要素中输入的是要裁剪的范围,如图 6.7 所示。

(4)裁剪结果为两个图层的共同部分,如图 6.8 所示。

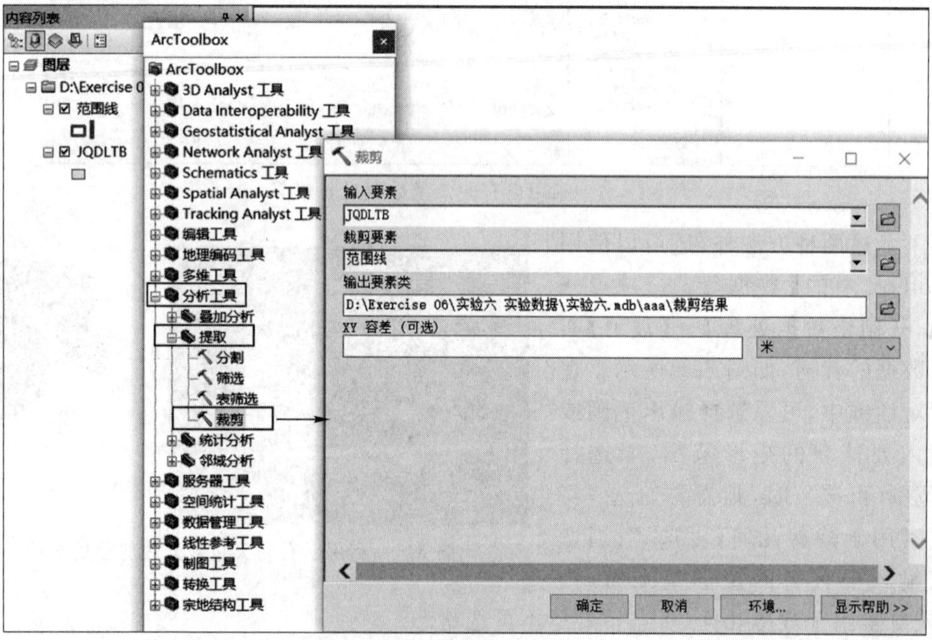

图 6.7 裁剪对话框

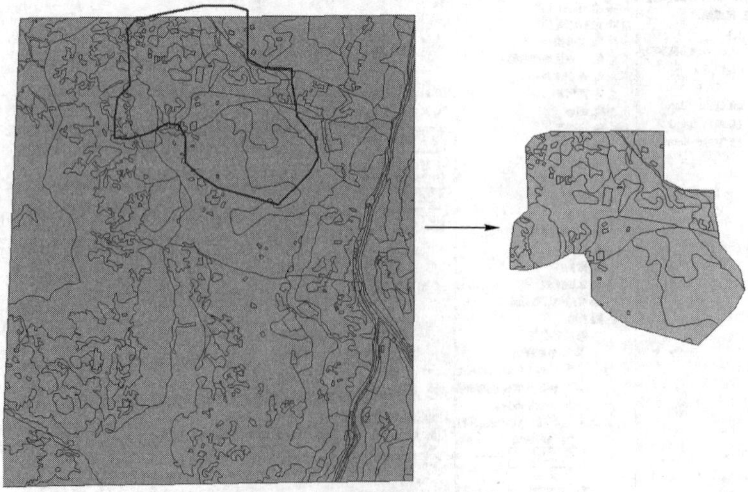

图 6.8 裁剪前后对比

2)按指定网格进行批量裁剪

按指定网格进行批量裁剪是指裁剪范围为多个网格,可实现一次裁剪得到多个结果,避免多次裁剪的麻烦。打开 ArcToolbox,点击【数据管理工具】→【要素类】→【创建渔网】,打开“创建渔网”对话框,如图 6.9 所示。

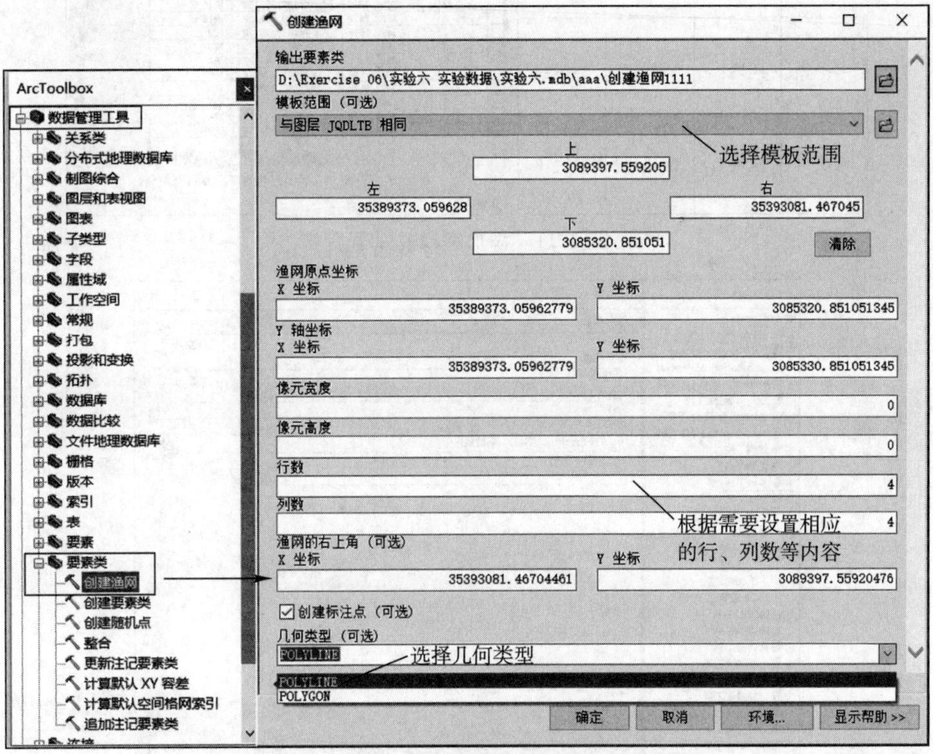

图 6.9　创建渔网对话框

新创建的渔网由 4 行 4 列 16 个矩形构成(图 6.10),若将每一个矩形单独导出为一个 Shapefile,将得到 16 个 Shapefile,可使用导出的每个 Shapefile 进行裁剪,得到 16 个矩形框裁剪的结果。除此之外,还可以使用创建好的渔网一次性进行裁剪,将 JQDLTB 分割为 16 个区域,具体操作步骤如下:

图 6.10　创建好的渔网

(1)加载“创建渔网.shp”,打开属性,添加字段,字段名称为“名称”、字段类型为文本(长度为 10)。

(2)打开编辑器,对字段“名称”赋值,采用从上到下、从左到右的原则,每个矩形框依次赋值为区块 1、区块 2……区块 16,如图 6.11 所示。

(3)打开 ArcToolbox,点击【分析工具】→【提取】→【分割】,打开“分割”对话框,如图 6.12 所示。在“输入要素”中选择“JQDLTB”,在“分割要素”中选择“创建渔网”,并选择“分割字段”为“名称”,在“目标工作空间”中选择输出要素的位置,然后点击【确定】即可。JQDLTB 图层将一次性被分割为 16 个区域,结果导出为 16 个 Shapefile,且每个 Shapefile 均以“区块 1”“区块 2”等“名称”字段的值来进行命名,如图 6.13 所示。

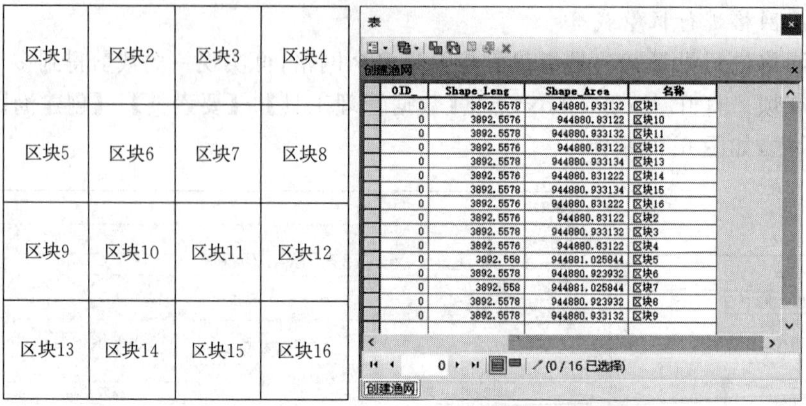

图 6.11　添加字段并赋值后

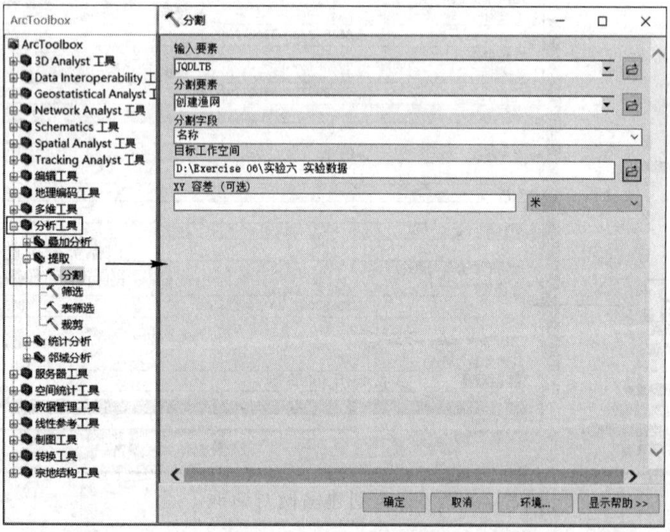

图 6.12　分割对话框

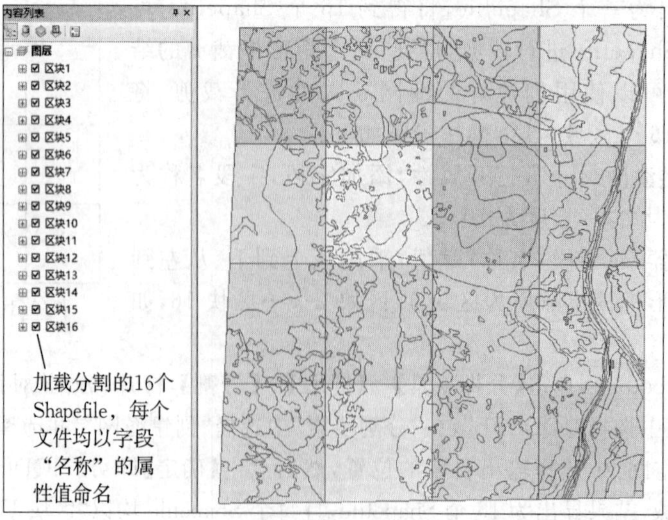

图 6.13　分割结果

3)按指定条件提取数据

具体操作步骤如下：

(1)打开 ArcToolbox,点击【分析工具】→【提取】→【筛选】,打开筛选对话框,如图 6.14 所示。在“输入要素”中选择“JQDLTB”,在“输出要素类”中选择输出位置。

(2)在“表达式(可选)”文本框中点击▣,弹出“查询构建器”对话框,在对话框中建立查询条件,例如,在字段列表中先选择字段【XZQMC】,然后选择【=】,点击【获取唯一值】,建立指定条件的表达式:"XZQMC" = '寿山村民委员会'。然后点击【确定】,如图 6.15 所示。

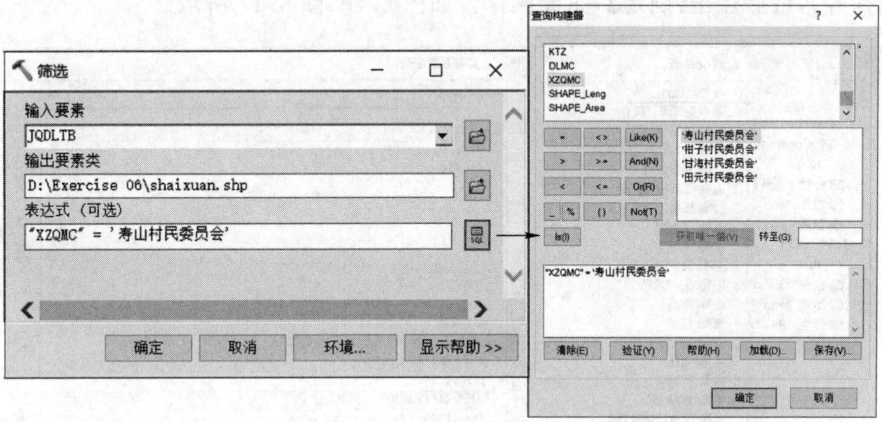

图 6.14　筛选对话框

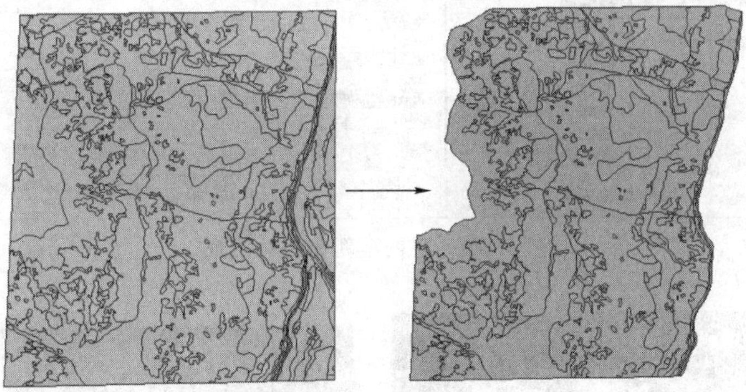

图 6.15　筛选结果

(二)镶嵌(拼接)

数据镶嵌(拼接)是指将空间相邻的数据拼接为一个完整的目标数据。例如:①我们在获取航片和卫片时,往往是以景和幅为单位的,而在实际的工作中,研究区域可能覆盖的范围会包含多景或多幅影像,这时便需要对影像数据进行拼接,满足项目需求;②当实际工作中需要全县的行政区划图,而各个乡镇的行政区划图是分开存储的,这时就需要将各个乡镇图进行拼接处理以获得全县的行政区划图。

空间数据拼接是空间数据处理的重要环节,也是 GIS 空间分析中经常需要进行的操作。

1. 栅格数据的拼接

栅格数据的拼接也称为镶嵌,是指将两幅或者两幅以上的影像拼接为一幅完整影像的过程。栅格数据镶嵌的前提是要求参与镶嵌的栅格数据具有相同的空间参考。

1)镶嵌至新栅格

镶嵌至新栅格,是指参与镶嵌的有两幅或两幅以上的影像,但镶嵌后的结果是一幅新影像。具体操作步骤如下:

(1)在 ArcMap 中加载需要镶嵌的栅格数据 G48shang. tif 和 G48xia. tif。

(2)打开 ArcToolbox,点击【数据管理工具】→【栅格】→【栅格数据集】→【镶嵌至新栅格】。

(3)在弹出的对话框中添加数据 G48shang. tif 和 G48xia. tif,依次选择相应的设置(如波段数的选择等),最后点击【确定】,完成操作。如图 6.16、图 6.17 所示。

图 6.16 镶嵌至新栅格对话框

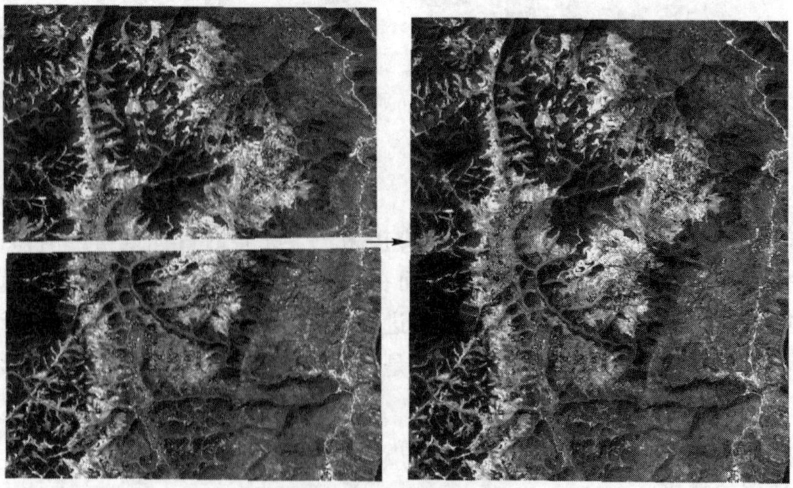

图 6.17 镶嵌前后对比

2)镶嵌

镶嵌与镶嵌至新栅格不同,镶嵌至新栅格的结果是一幅新影像,而镶嵌则是指将参与镶嵌的其中一幅影像作为目标图层,其余影像镶嵌到该图层的过程,即镶嵌的结果不是一幅新影像,而是选择的其中一幅影像。具体操作步骤如下:

(1)在 ArcMap 中加载需要拼接的栅格数据 G48shang. tif 和 G48xia. tif。

(2)打开 ArcToolbox,点击【数据管理工具】→【栅格】→【栅格数据集】→【镶嵌】。

(3)在弹出的对话框中添加数据 G48shang. tif 和 G48xia. tif,依次选择相应的设置(如目标图层的选择等),最后点击【确定】,完成操作,如图 6.18 所示。

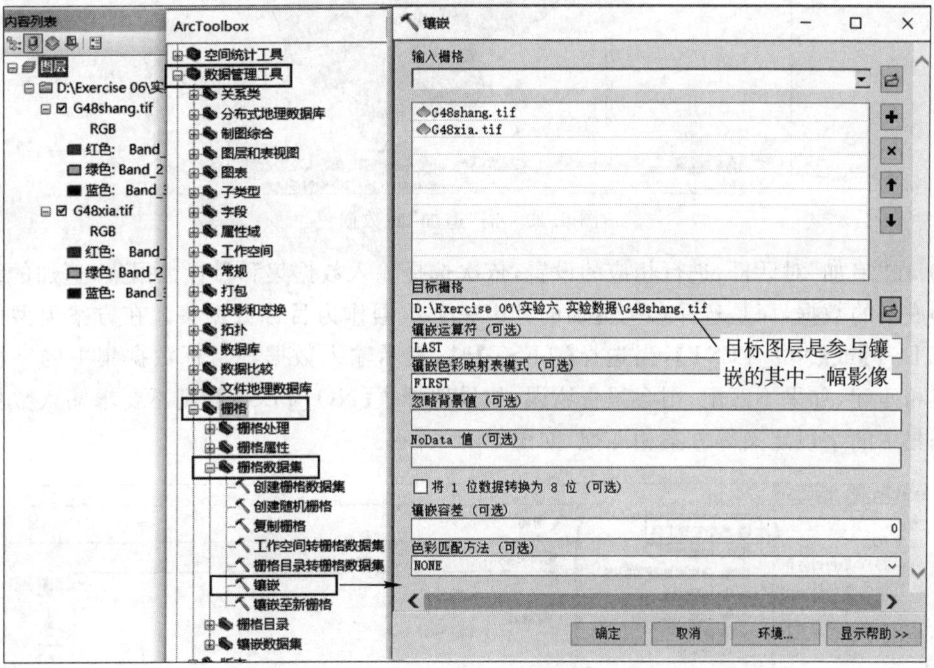

图 6.18　镶嵌对话框

(4)在 ArcMap 中再次加载 G48shang. tif,这时其已经是镶嵌后的完整影像,而不再是参与镶嵌的其中一幅影像。当使用"镶嵌"功能时,应做好参与镶嵌的影像数据的备份工作。

2. 矢量数据的拼接

矢量数据的拼接是指将空间相邻的矢量数据拼接为一个完整的目标数据。矢量数据拼接的前提是具有相同的空间参考,以及参与拼接的数据经过了严格的接边处理,主要包含对相邻数据边缘部分进行的空间关系一致性和逻辑关系一致性的处理。

1)追加

矢量数据的追加操作通常用于以某一矢量数据为基础,将其他的矢量数据追加到已有的矢量数据中从而形成新的数据的过程。"追加"工具仅限于同类要素的追加,如可以将点、线、面、表格等要素追加到相同数据集中。但不能实现不同类要素的追加,如不能将点要素追加到线要素中。具体操作步骤如下:

(1)在 ArcMap 中加载需要追加的矢量数据 XMQ1. shp 和 XMQ2. shp,如图 6.19 所示。

(2)打开 ArcToolbox,点击【数据管理工具】→【常规】→【追加】,打开"追加"对话框。

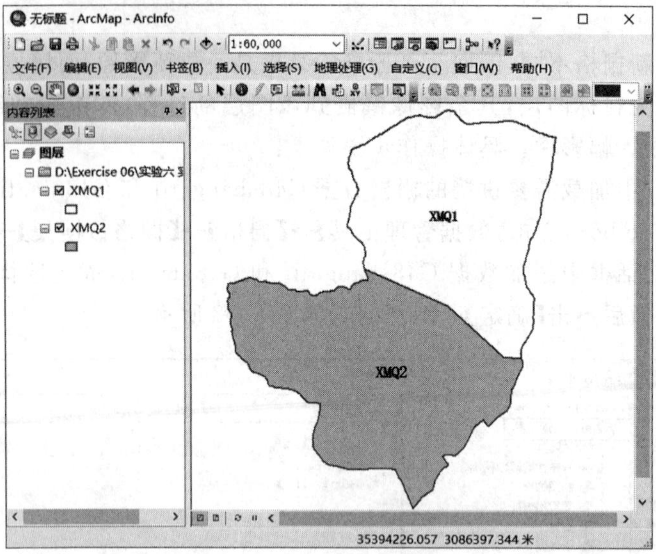

图 6.19　需“追加”的数据

(3)在“追加”对话框，进行相应的设置，依次选择输入数据集和目标数据集，追加的结果并没有形成新的数据，而是选择参与追加的其中一个数据作为目标数据集。在方案类型中可以选择【TEST】或【NO_TEST】，当选择【TEST】时，表示输入数据与目标数据集中的字段定义等方案相匹配，如果不匹配，则会报告错误；如果选择了【NO_TEST】，则不要求输入数据与目标数据集中的字段定义等方案相匹配，如图 6.20 所示。

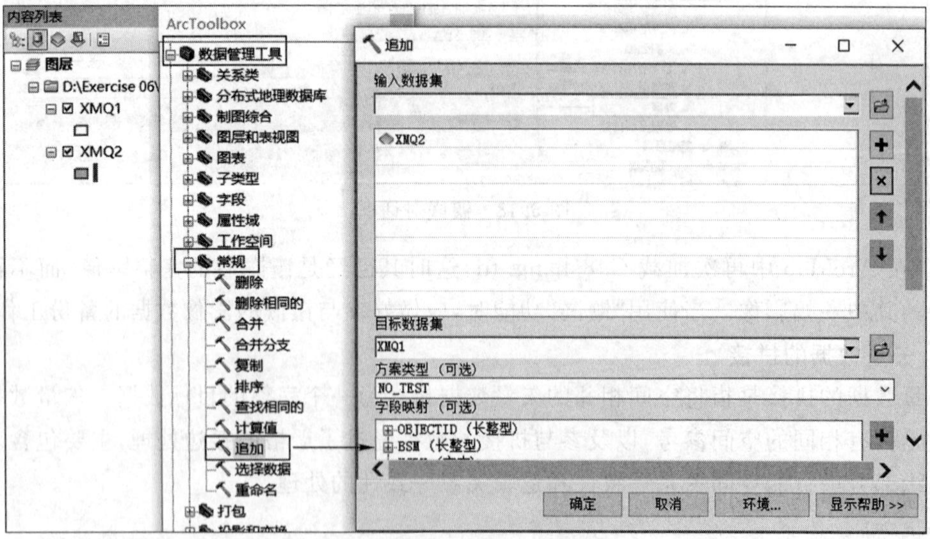

图 6.20　“追加”对话框

(4)点击【确定】按钮，执行追加操作。追加后的结果如图 6.21 所示。

2)合并

矢量数据的合并操作通常用于将两个或者两个以上的矢量数据合并，从而形成新的数据。“合并”功能中的字段映射功能可以帮助用户保留实际应用所需要的属性字段。具体操作步骤如下：

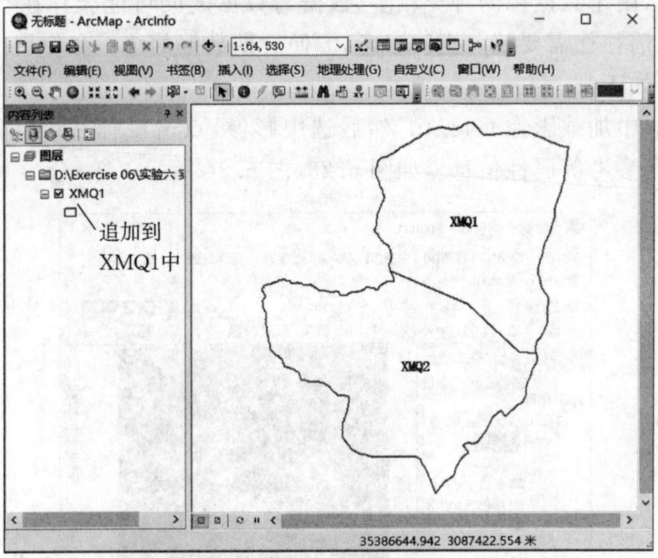

图 6.21 “追加”后的数据

(1)在 ArcMap 中加载需要追加的矢量数据 XMQ1. shp 和 XMQ2. shp。

(2)打开 ArcToolbox，点击【数据管理工具】→【常规】→【合并】，打开“合并”对话框。

(3)在“合并”对话框中，依次选择输入、输出数据集，合并的结果将生成一个新的数据，并根据实际需要选择字段映射，如图 6.22 所示。

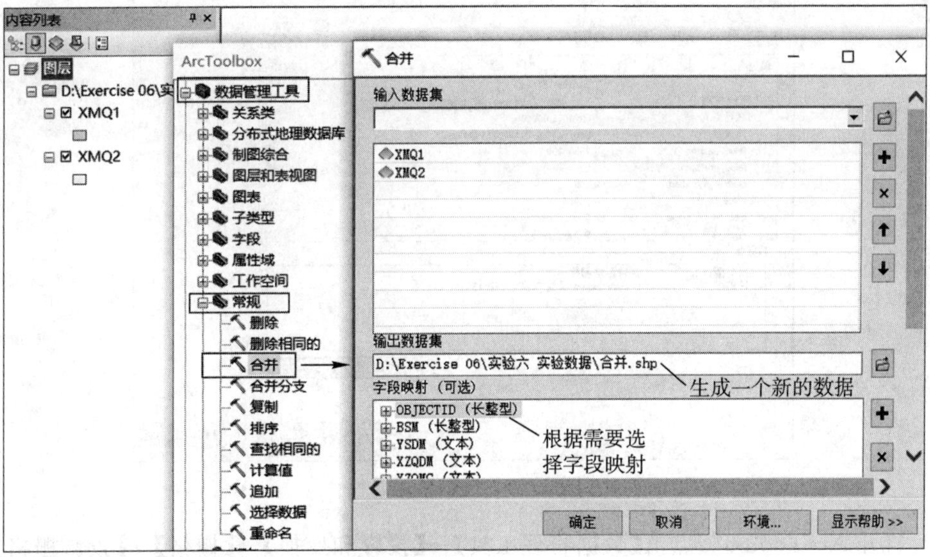

图 6.22 “合并”对话框

(三)投影变换

1. 栅格数据的投影变换

栅格数据的投影变换是指将一种已知或未知投影性质的图像转换为另一种投影性质符合要求的图像，其实质是建立两个点集间一一对应的映射关系。

在实际工作中，由于数据源的种类较多，数据与数据之间可能会存在空间参考的差异性，在进行数据使用之前往往需要统一空间参考，方便后期数据的统一和使用。

具体操作步骤如下：

(1)在 ArcMap 中加载影像 G48. tif，然后选中影像，点击鼠标右键打开“图层属性”对话框，查看影像的空间参考等属性信息。如图 6.23、图 6.24 所示。

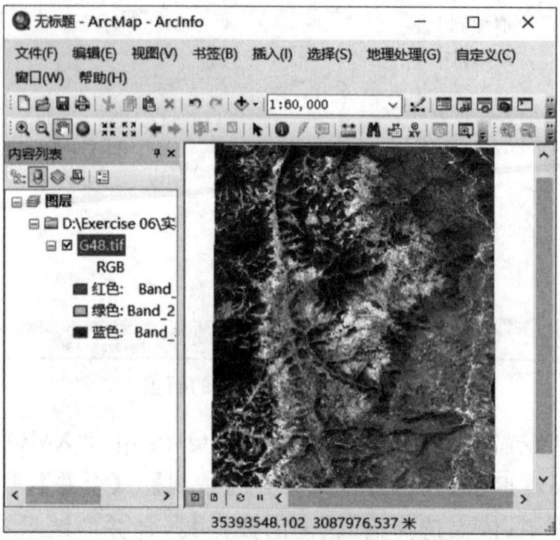

图 6.23 加载影像

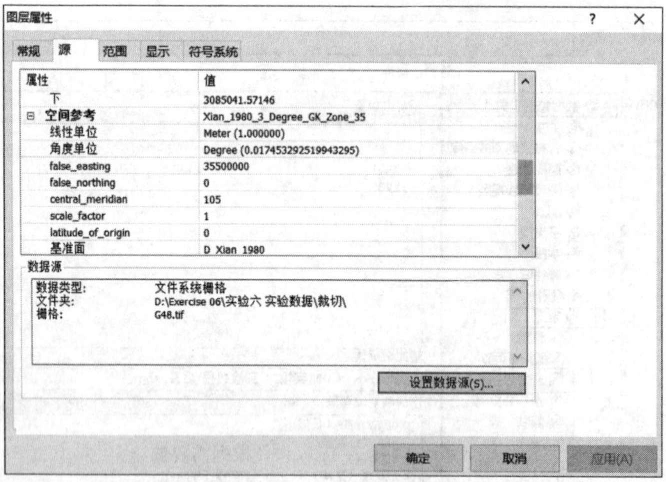

图 6.24 查看影像属性

(2)打开 ArcToolbox，点击【数据管理工具】→【投影和变换】→【栅格】→【投影栅格】，打开“投影栅格”对话框。

(3)在“投影栅格”对话框中，依次进行相应的设置。选择输入栅格数据、输出栅格数据的路径和名称、点击定义输出栅格的空间参考，如选择【Projected Coordinate System】→【World】→【WGS_1984_World_Mercator】，如图 6.25 所示。

(4)点击【确定】，执行“投影栅格”操作。然后重新打开 ArcMap，加载投影后的影像，查看其空间参考为“WGS_1984_World_Mercator”，如图 6.26 所示。

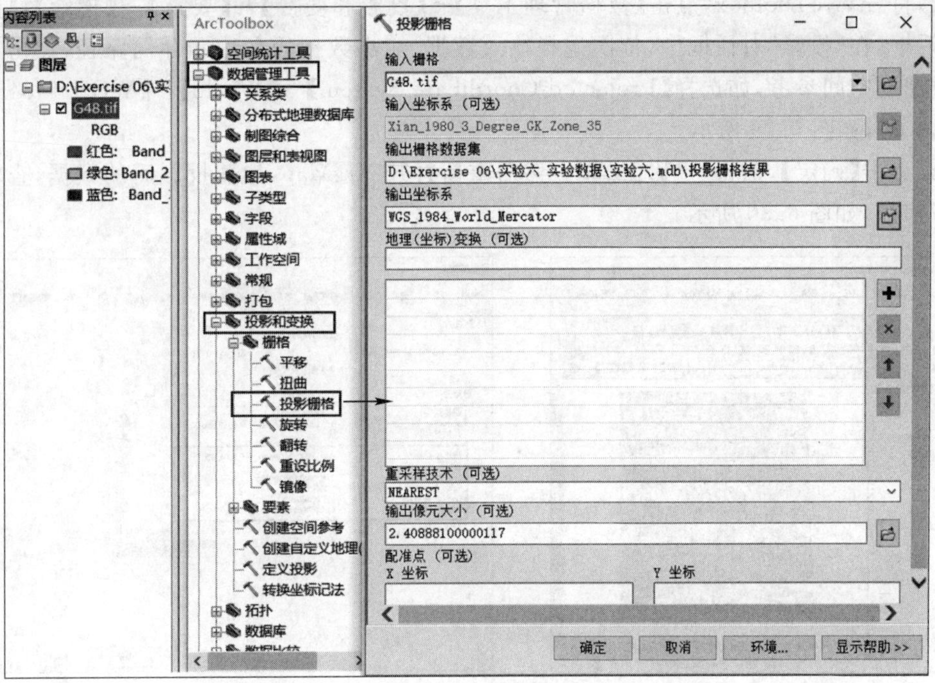

图 6.25　“投影栅格”对话框

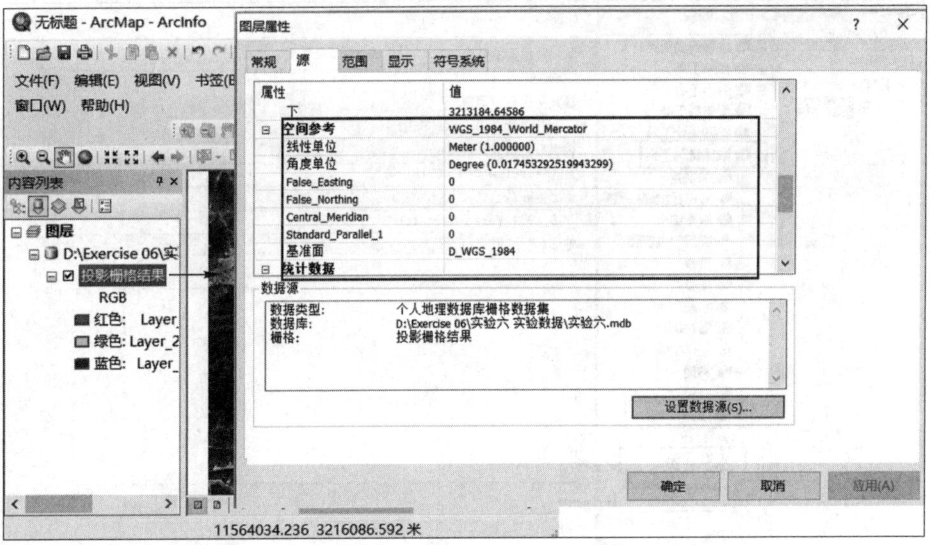

图 6.26　查看投影栅格结果属性

2. 矢量数据的投影变换

由于 GIS 数据来源的多样性，当获取的矢量数据没有空间参考或者所具有的空间参考与所需的矢量数据的空间参考不一致时，便需要进行投影变换。投影变换是将一种地图投影转换为另一种地图投影，主要包括投影类型、参数及椭球体等的改变。具体操作步骤如下：

(1)在 ArcMap 中加载矢量数据 JQDLTB.shp，选择图层，点击鼠标右键打开“图层属性”对话框，查看 JQDLTB 图层的空间参考信息，如图 6.27、图 6.28 所示。

(2)打开 ArcToolbox,点击【数据管理工具】→【投影和变换】→【要素】→【投影】,打开“投影”对话框,在“投影”对话框中,依次选择输入数据、输出数据的名称和存储路径,点击定义输出数据的空间参考,如选择【Projected Coordinate System】→【World】→【WGS_1984_World_Mercator】,如图 6.29 所示。

(3)点击【确定】,执行“投影”操作。然后重新打开 ArcMap,加载投影后的数据,查看其空间参考信息,如图 6.30 所示。

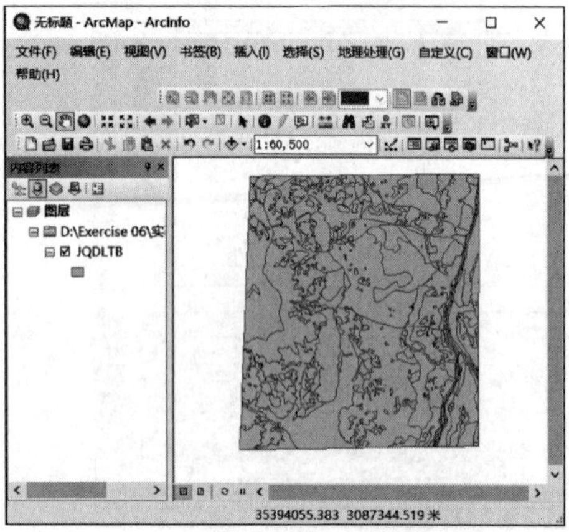

图 6.27 加载图形数据

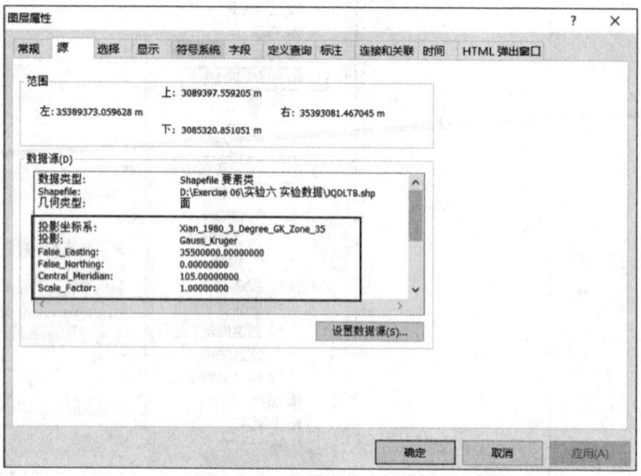

图 6.28 查看空间参考信息

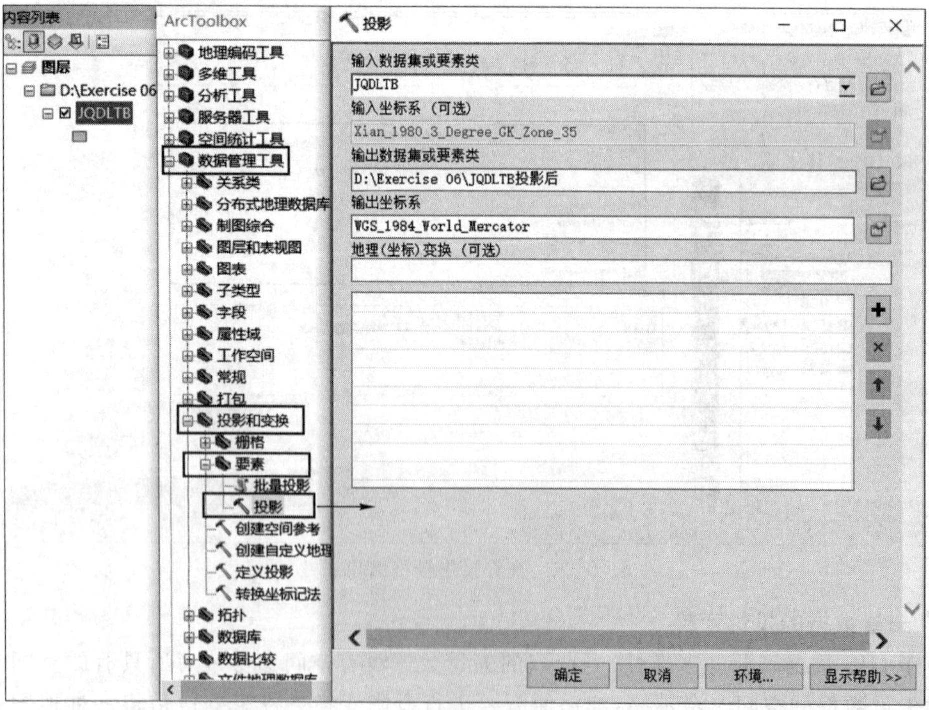

图 6.29 “投影”对话框

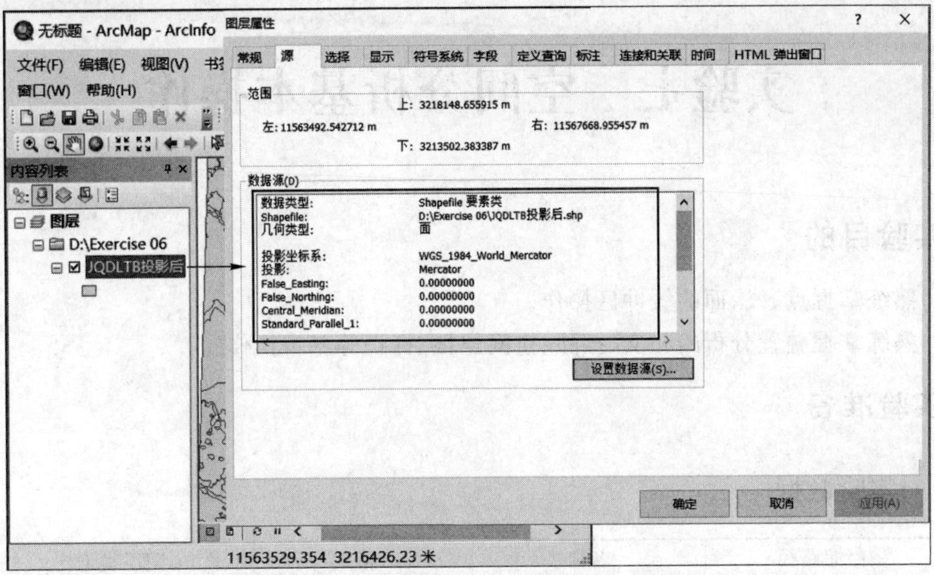

图 6.30 查看 JQDLTB 投影后空间参考属性

四、拓展训练

(一)拓展训练数据

存储路径	名称	格式	图层类型
实验六\拓展训练数据	影像上	tif	栅格数据
实验六\拓展训练数据	影像下	tif	栅格数据
实验六\拓展训练数据	项目区范围 1	shp	面图层
实验六\拓展训练数据	项目区范围 2	shp	面图层

(二)拓展训练要求

根据拓展训练数据,获得项目区范围内的影像(包括项目区范围 1 和项目区范围 2),并要求影像投影坐标系为"WGS_1984_World_Mercator"。

(三)成果提交

提交"项目区范围内影像. tif"文件。

实验七　空间分析基本操作

一、实验目的

(1)熟练掌握点、线、面的缓冲区操作。

(2)熟练掌握叠置分析的相交、擦除、空间连接、标识等基本操作。

二、实验准备

(一)实验数据

存储路径	名称	格式	图层类型
实验七\实验数据	Point	shp	点
实验七\实验数据	高程注记点	shp	点
实验七\实验数据	Line	shp	线
实验七\实验数据	Polygon	shp	面
实验七\实验数据	XZQ	shp	面
实验七\实验数据	JQDLTB	shp	面

(二)软件准备

ArcGIS10.0 中文版。

三、实验内容和步骤

(一)缓冲区分析

缓冲区(buffer)是对一组或一类地图要素(点、线或面)按设定的距离条件,围绕这组要素形成具有一定范围的多边形实体,从而实现数据在二维空间扩展的信息分析方法。它包括矢量数据和栅格数据的缓冲区分析,本实验仅介绍矢量数据的缓冲区分析。

缓冲区的形态多种多样,主要依据缓冲区建立的条件来确定。常用的点缓冲区有圆形、三角形、矩形和环形等;线缓冲区有双侧对称、双侧不对称或单侧缓冲区等;面缓冲区有内侧和外侧缓冲区。不同形态的缓冲区可满足不同的应用要求。

1. 缓冲区

缓冲区分析操作步骤如下:

(1)打开 ArcMap,加载需要进行缓冲区分析的点、线、面要素。

(2)打开 ArcToolbox,点击【分析工具】→【邻域分析】→【缓冲区】,打开“缓冲区”对话框。

(3)在“缓冲区”对话框中,选择输入要素、输出要素的路径和名称。根据值或字段来设定缓冲区距离,并根据需要选择侧类型、末端类型、融合类型、融合字段等内容,如图 7.1～图 7.6

所示。

图 7.1　点要素缓冲区对话框

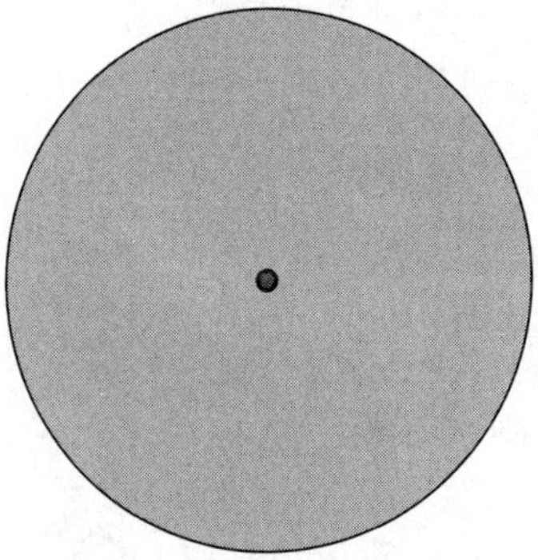

图 7.2　点要素缓冲区结果

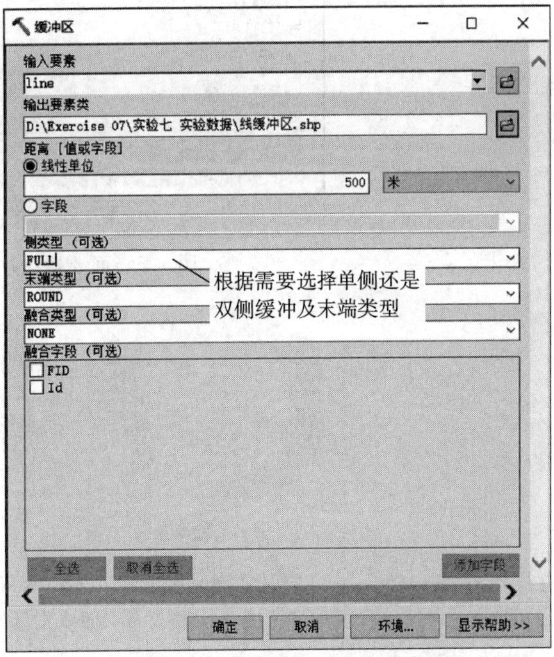

图 7.3　线要素缓冲区对话框

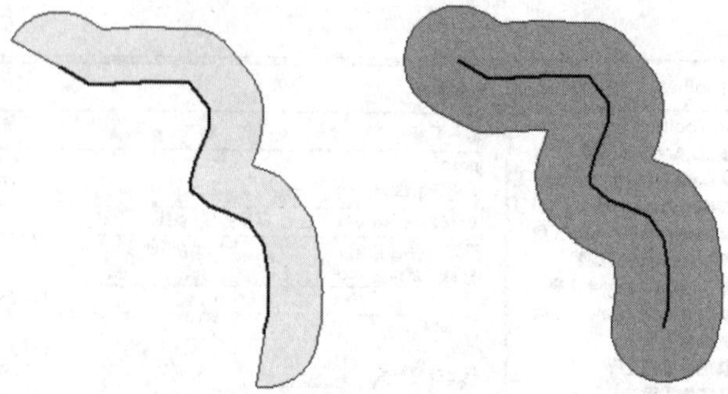

（a）单侧　　（b）双侧

图 7.4　线要素缓冲区结果

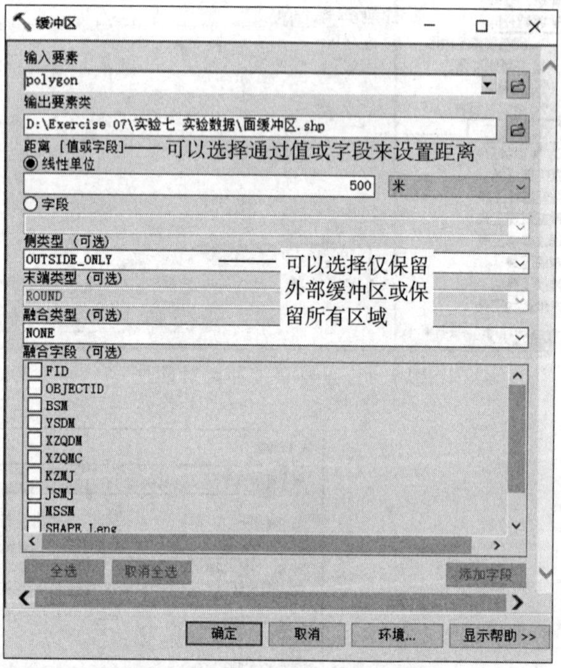

图 7.5　面要素缓冲区对话框

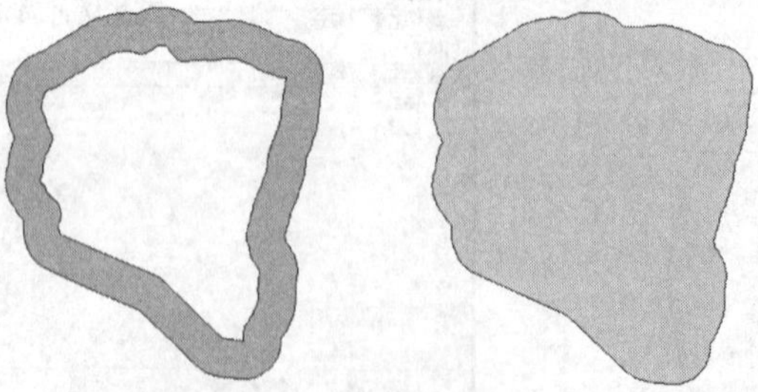

（a）仅保留外部缓冲区　（b）保留原有区域和缓冲全部区域

图 7.6　面要素缓冲区结果

2. 多环缓冲区

缓冲区是对点、线、面等地理实体按设定的距离条件，研究其影响范围，当研究的影响范围有多个时，“缓冲区”功能便不能够满足使用，需要使用“多环缓冲区”功能。

多环缓冲区分析操作步骤如下：

(1)打开 ArcMap，加载需要进行多环缓冲区分析的点、线、面要素。

(2)打开 ArcToolbox，点击【分析工具】→【邻域分析】→【多环缓冲区】，打开“多环缓冲区”对话框。

(3)在“多环缓冲区”对话框中，选择输入要素、输出要素的路径和名称，以及距离、缓冲区单位、字段名、融合选项等，如图 7.7、图 7.8 所示。这里以面要素为例来进行说明，点、线要素操作方法与面要素相同。

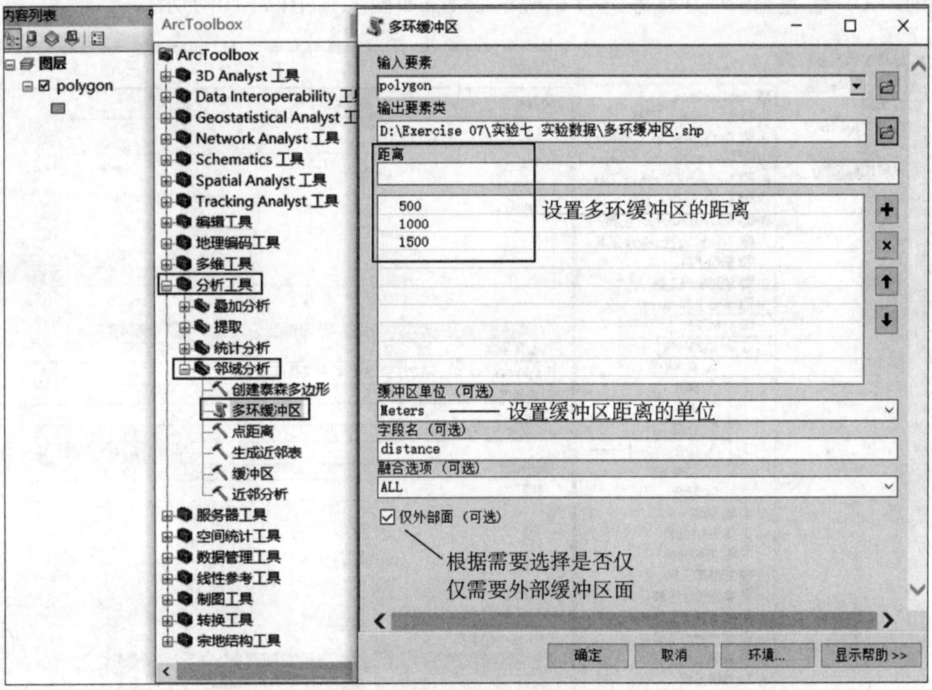

图 7.7　多环缓冲区对话框

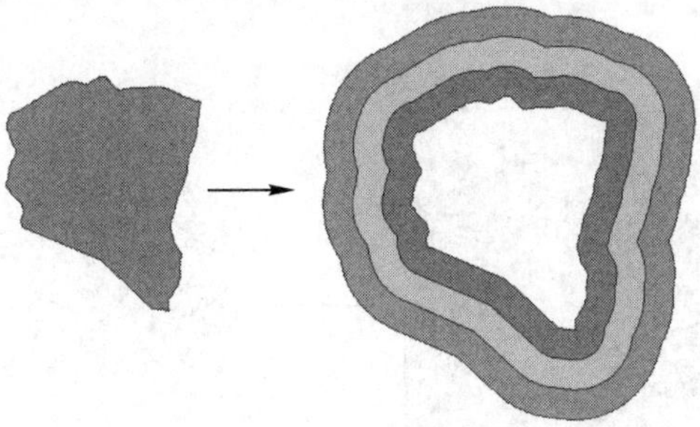

图 7.8　面要素多环缓冲区结果

(二)叠置分析

1. 相交分析

相交分析是通过叠置处理得到两个图层的交集部分，相交分析得到的新图层属性为原有参与相交图层的属性(字段)之和。相交分析操作的前提是参与相交操作的数据具有相同的空间参考。

相交操作主要包括多边形与多边形、线与多边形、点与多边形、线与线、点与线、点与点，以及点、线、面相交。这里主要介绍多边形与多边形相交，其他几种相交操作与此类似。

具体操作步骤如下：

(1)打开 ArcMap，加载需要进行相交分析的面要素 polygon.shp、JQDLTB.shp。

(2)打开 ArcToolbox，点击【分析工具】→【叠加分析】→【相交】，打开"相交"对话框。

(3)在"相交"对话框中，选择参与相交操作的要素及输出要素的路径和名称，根据需要对连接属性、XY 容差、输出类型等进行相应的设置，如图 7.9、图 7.10 所示。

图 7.9　相交操作对话框

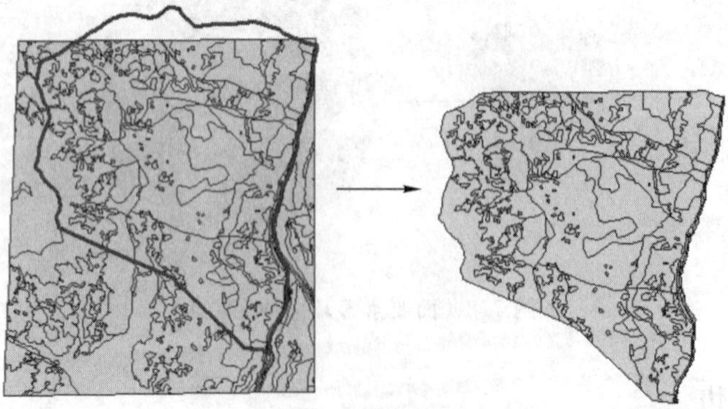

图 7.10　相交操作前后结果对比

在实验六中，我们介绍了矢量数据的裁剪，裁剪与相交既有区别又有联系。

联系：裁剪与相交操作均是得到参与运算图层的交集、共同部分。

区别：裁剪与相交操作后得到的虽然都是参与运算图层的共同部分，但操作后得到的图层属性却不一样，相交操作后得到的图层属性包含了参与运算图层的所有属性，如图 7.11 所示；裁剪操作后得到的图层属性与输入要素的属性保持一致，与裁剪要素（裁剪范围）无关，如图 7.12 所示。在实际工作中，要根据实际需要选择裁剪或相交操作。

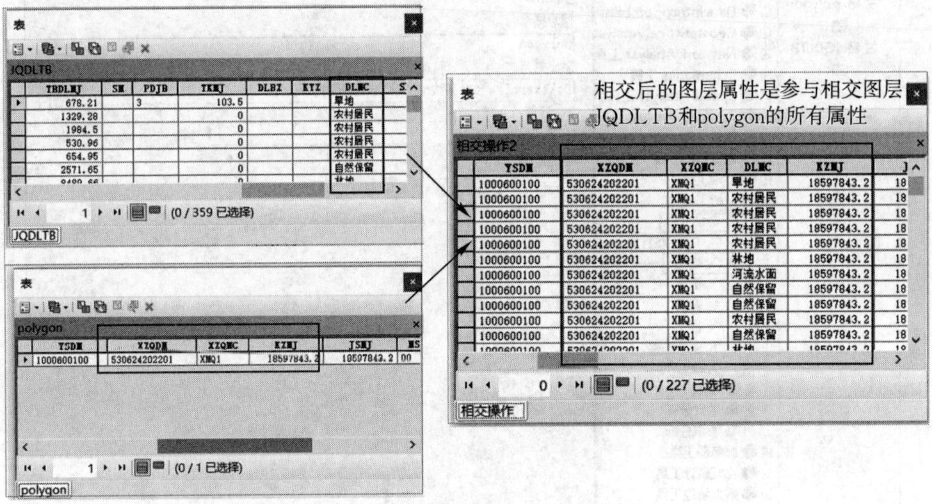

图 7.11　相交操作前后属性结果对比

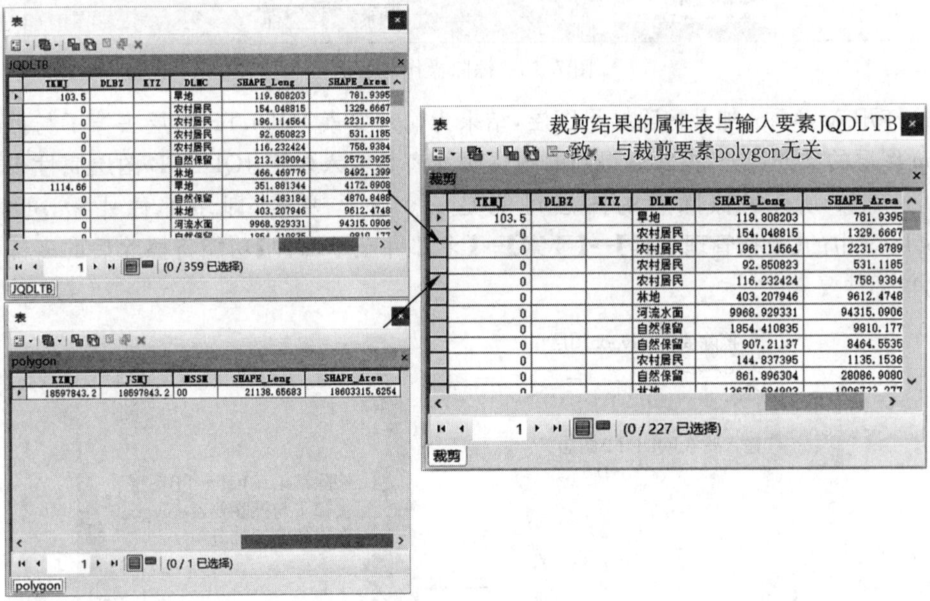

图 7.12　裁剪操作前后属性结果对比

2. 擦除

擦除指根据参照图层的范围大小，擦除参照图层所覆盖的输入图层内的要素。即两个图层进行擦除操作，去掉的是两个图层的共同部分。参与擦除的要素必须是多边形，而不能是点、线要素。具体操作步骤如下：

(1)打开 ArcMap，加载需要进行擦除运算的面要素 polygon. shp、JQDLTB. shp。

(2)打开 ArcToolbox，点击【分析工具】→【叠加分析】→【擦除】，打开“擦除”对话框。

(3)在“擦除”对话框中,选择参与擦除操作的要素及输出要素的路径和名称,根据需要设置 XY 容差,如图 7.13 所示。

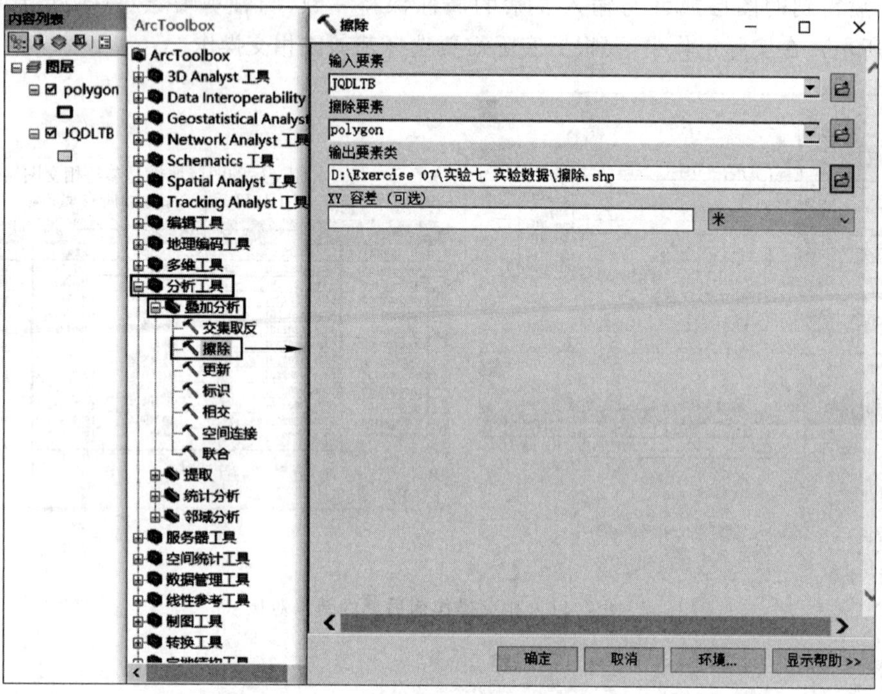

图 7.13 擦除操作对话框

(4)打开 ArcMap,加载擦除结果图层,结果为输入要素 JQDLTB 图层去掉了与擦除要素 polygon 图层的共同部分,擦除后得到的图层属性表与输入要素 JQDLTB 图层属性表保持一致,如图 7.14 所示。擦除后的图层可能是一个整体要素,即多部件要素,可以使用 ArcToolbox 中的【数据管理工具】→【要素】→【多部件至单部件】功能将擦除后的多部件要素转换为单部件要素。

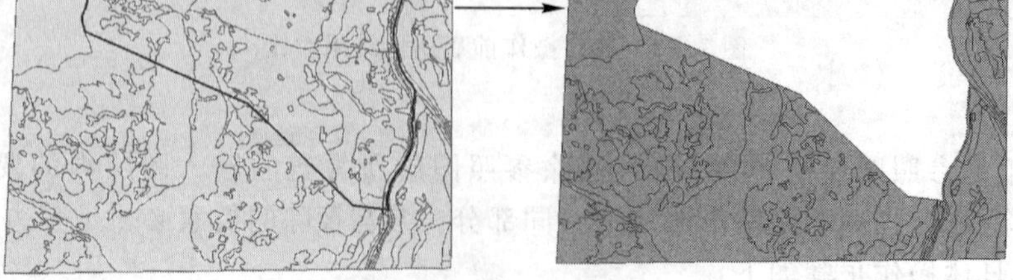

图 7.14 擦除操作前后结果对比

3. 交集取反

交集取反是计算输入层和叠置层要素的交集，将输入层和叠置层中空间重叠范围外的要素或要素部分写入输出结果。其过程可以简单地理解为：首先求出两个图层的交集部分，然后求出两个图层的并集部分，最后从并集中去掉交集部分的过程。参与交集取反操作的图层要素必须是多边形要素，不能是点、线要素。交集取反结果的图层属性表包含了原有图层的所有属性。具体操作步骤如下：

(1)打开 ArcMap，加载需要进行交集取反的面要素 polygon. shp、JQDLTB. shp。

(2)打开 ArcToolbox，点击【分析工具】→【叠加分析】→【交集取反】，打开"交集取反"对话框。

(3)在"交集取反"对话框中，选择输入要素、输出要素的路径和名称，根据需要设置连接属性和 *XY* 容差，如图 7.15 所示。

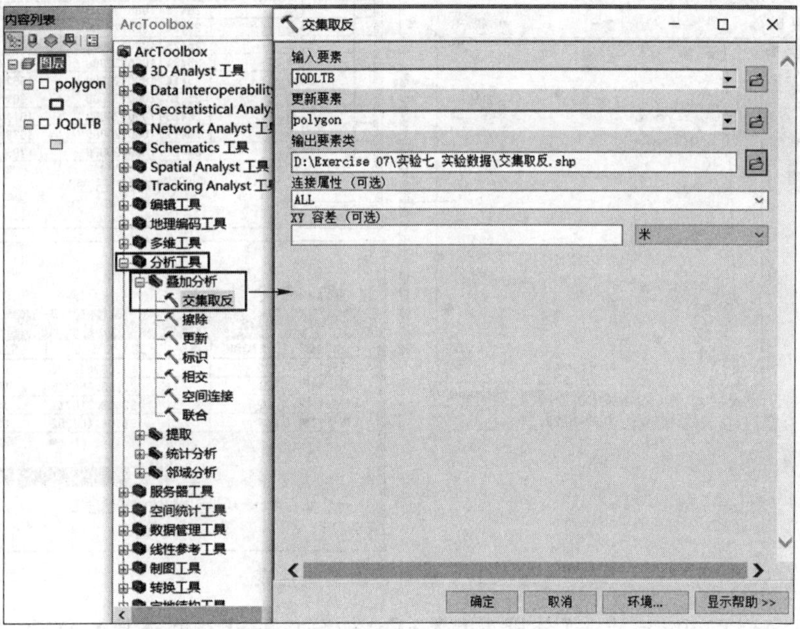

图 7.15　交集取反操作对话框

(4)打开 ArcMap，加载"交集取反"结果图层，如图 7.16 所示。

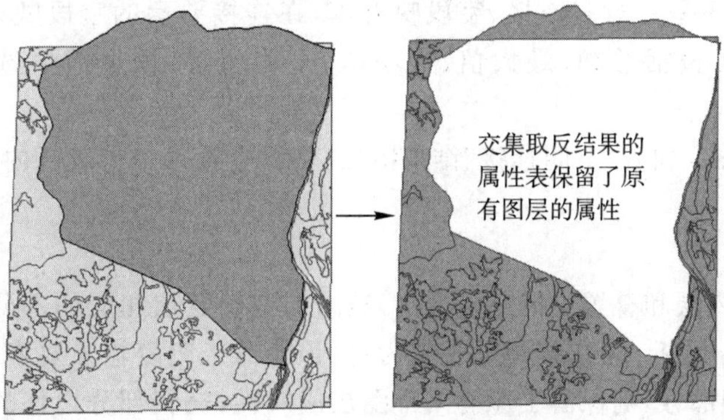

图 7.16　交集取反操作前后结果对比

4. 空间连接

空间连接类似于属性连接，但是不使用公共字段来决定匹配数据表中的哪些行，而是使用空间要素的“位置”来代替。空间连接创建一个新的要素类，保持目标图层中的要素，并追加源图层的信息，而两个原始要素类不受影响。

具体操作步骤如下：

(1)打开 ArcMap，加载需要进行空间连接的要素“高程注记点.shp”、XZQ.shp，如图 7.17 所示。

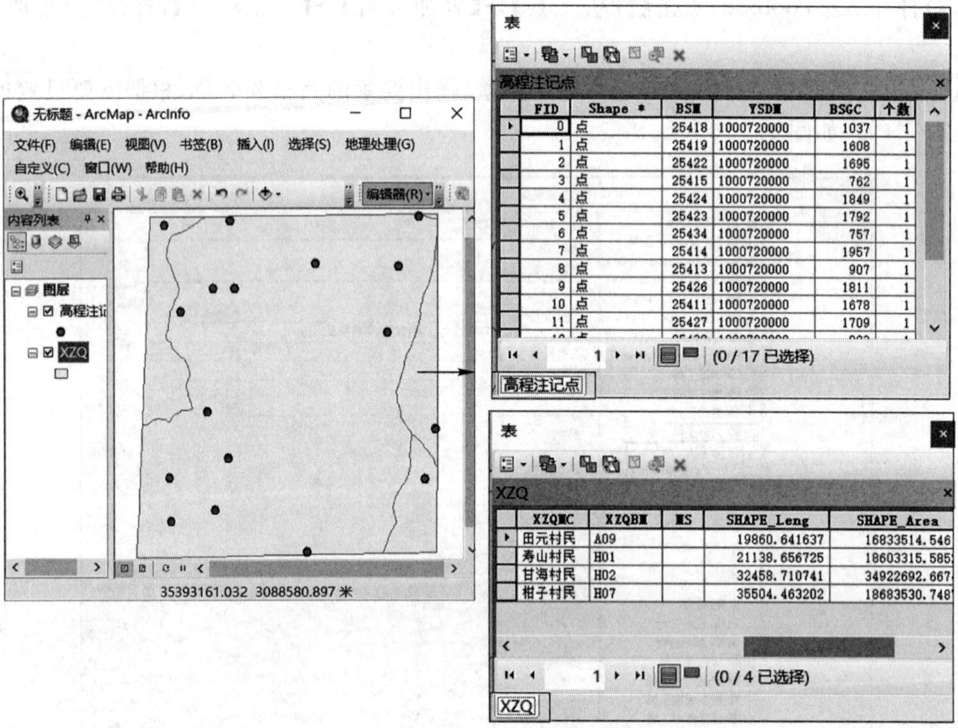

图 7.17 查看各图层属性表

(2)打开 ArcToolbox，点击【分析工具】→【叠加分析】→【空间连接】，打开“空间连接”对话框。

(3)在“空间连接”对话框中，选择目标要素、连接要素，输出要素类的路径和名称。根据需要设置一对一还是一对多连接、字段映射等，在连接要素的字段映射中，可对个数进行合并，合并规则主要包括总和、最大值、最小值、平均值等，根据需要选择即可，如图 7.18 所示。

(4)打开 ArcMap，加载“空间连接”结果图层，可以查看每个行政区内有多少个高程点，如图 7.19 所示。

5. 标识

标识是计算输入层和叠置层的几何交集，输入层与叠置层相交的部分获得叠置层要素的属性，其他要素属性不变。可以简单地理解为：标识操作未改变输入要素的图形要素，但是两个图层的交集(共同部分)则保留了原有两个图层的属性，交集部分之外的图形的属性则保持原有输入要素的属性不变。

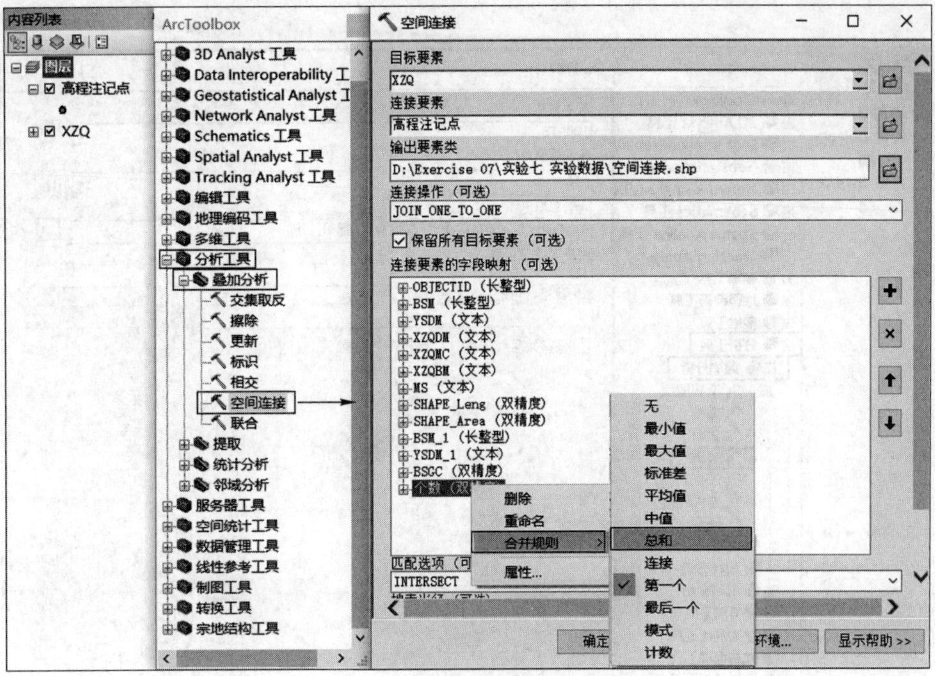

图 7.18 空间连接操作对话框

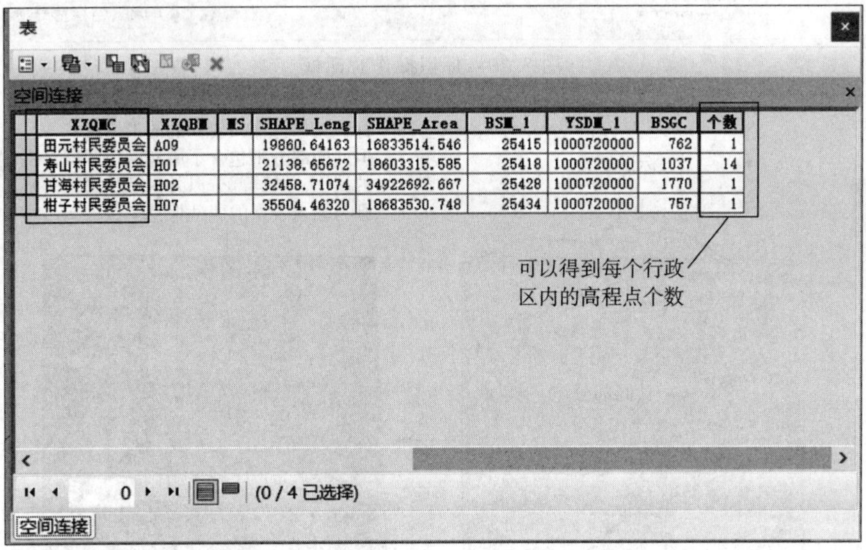

图 7.19 查看每个行政区内的高程点个数

具体操作步骤如下：

(1)打开 ArcMap，加载需要进行相交分析的面要素 polygon.shp、JQDLTB .shp。

(2)打开 ArcToolbox，点击【分析工具】→【叠加分析】→【标识】，打开“标识”对话框。

(3)在“标识”对话框中，选择输入要素、标识要素、输出要素的路径和名称，根据需要设置连接属性和 XY 容差，如图 7.20 所示。

(4)打开 ArcMap，加载“标识”结果图层，如图 7.21 所示。

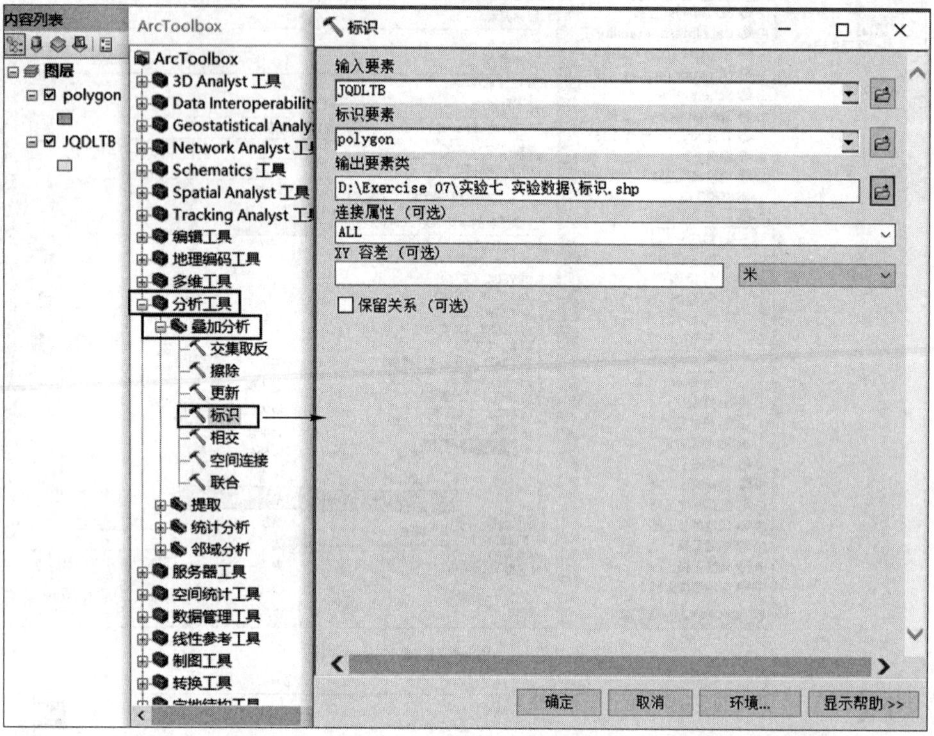

图 7.20　标识操作对话框

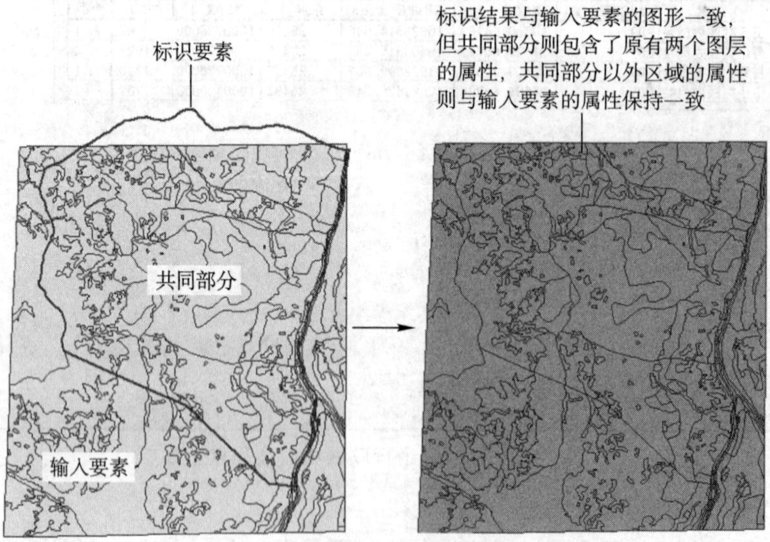

图 7.21　标识操作前后结果对比

四、拓展训练

(一)拓展训练数据

存储路径	名称	格式	图层类型
实验七\拓展训练数据	高程点	shp	点图层
实验七\拓展训练数据	道路	shp	线图层
实验七\拓展训练数据	XZQ	shp	面图层

(二)拓展训练要求

根据拓展训练数据,求距离道路 1 000 m 以外 2 000 m 以内各行政区内(以村民委员会为单位)的高程点个数。

(三)成果提交

提交最终成果文件。

实验八　TIN 及 DEM 的生成与应用

一、实验目的

(1)熟练掌握 TIN 及 DEM 的生成,并理解什么是 TIN。

(2)熟练掌握如何在 DEM 的基础上派生出坡度、坡向。

(3)熟练掌握耕地坡度分等定级的操作步骤,并能够使用不同的方法进行面积的统计操作。

二、实验准备

(一)实验数据

存储路径	名称	格式	图层类型
实验八\实验数据	DGX	shp	线
实验八\实验数据	XZQ	shp	面
实验八\实验数据	JQDLTB	shp	面

(二)软件准备

ArcGIS10.0 中文版。

三、实验内容和步骤

(一)TIN 及 DEM 生成

数字高程模型(digital elevation model,DEM),是用一组有序数值阵列形式表示地面高程的一种实体地面模型,是数字地形模型(digital terrain model,DTM)的一个分支,当数字地形模型中的地形因子为高程时,便表示为数字高程模型。DEM 通常是由不规则三角网(triangulated irregular network,TIN)模型构建的。

1. 创建 TIN

TIN 主要由高程点或者等高线生成,并转为 DEM 进行表示。本实验以等高线为例生成 TIN。具体操作步骤如下:

(1)打开 ArcMap,选择【自定义】→【扩展模块…】→【3D Analyst】(勾选),如图 8.1 所示。

(2)打开 ArcMap,加载实验数据 DGX. shp 和 XZQ. shp。

(3)打开 ArcToolbox,点击【3D Analyst 工具】→【TIN 管理】→【创建 TIN】。选择输出要素的名称、位置;在输入要素类中选择相应的图层,并进行相应的设置。例如,DGX 图层中,将 height_field 设置为 BSGC,即参与创建 TIN 的是等高线图层的 BSGC(标识高程)字段属性,如图 8.2 所示。需要说明的是,虽然可以由 DGX 直接创建 TIN,但仍然添加 XZQ 图层是为了防止创建的 TIN 超出 XZQ 的范围，起到约束边界的作用。

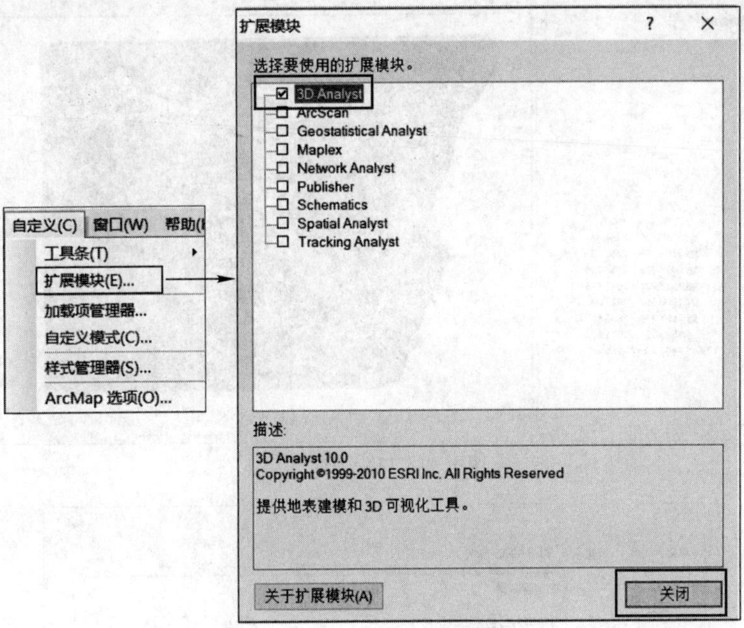

图 8.1　激活 3D Analyst 工具

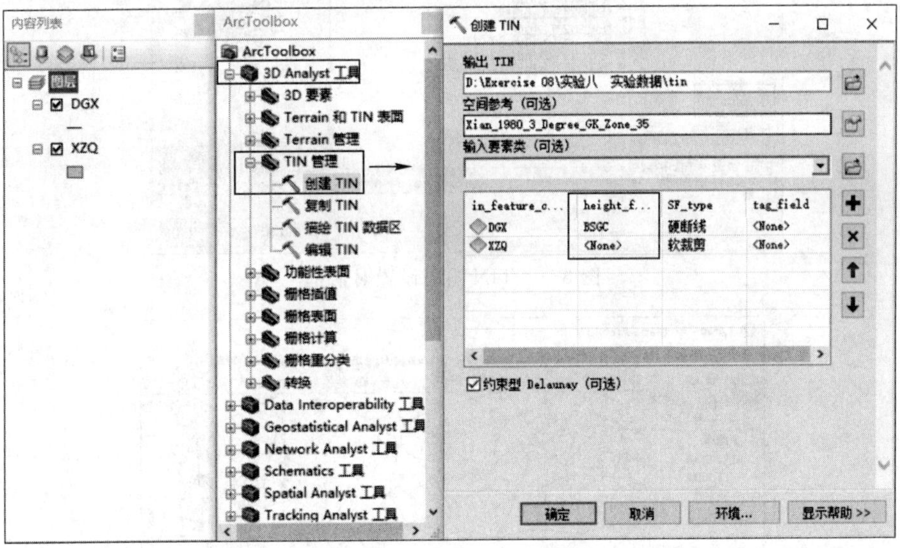

图 8.2　创建 TIN 对话框

(4)加载生成的 TIN 进行查看，如图 8.3 所示。

(5)由等高线生成 TIN 之后，选择 TIN 图层，然后点击鼠标右键打开【属性…】→【符号系统】。选中【高程】然后点击【添加…】，依次选择【具有相同符号的边】和【具有相同符号的结点】进行添加，然后删除【高程】，点击【确定】，如图 8.4 所示。然后在 ArcMap 再次查看 TIN，TIN 以线和结点表示，如图 8.5 所示。

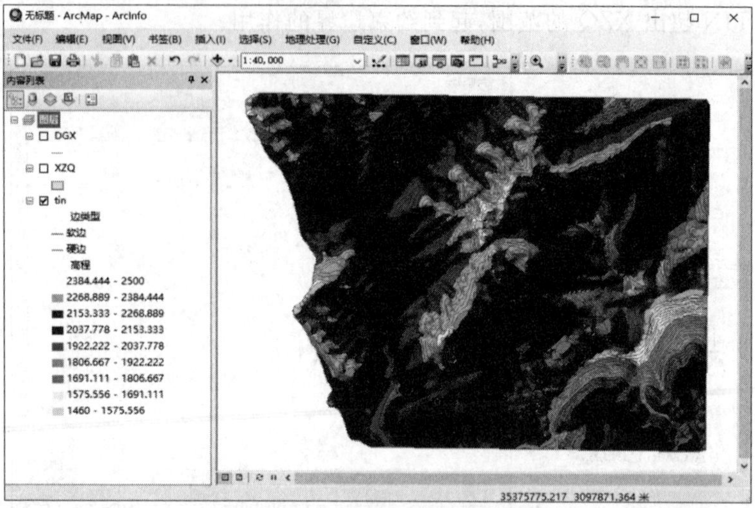

图 8.3 TIN 创建结果

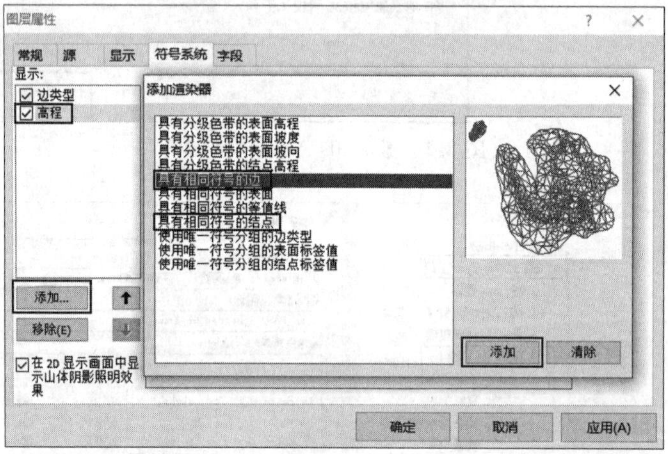

图 8.4 TIN 图层设置对话框

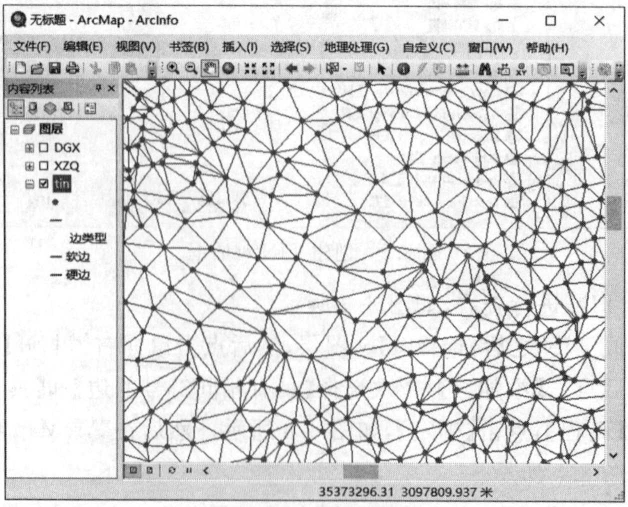

图 8.5 TIN 的不同显示

2. 生成 DEM

将 TIN 转换为栅格可得到 DEM。具体操作步骤如下：

(1)打开 ArcMap,加载 TIN 数据。

(2)打开 ArcToolbox,点击【3D Analyst 工具】→【转换】→【TIN 转栅格】,选择输入 TIN,输出的栅格建议存放到地理数据库中。可以选择输出栅格的单元大小,图 8.6 中栅格单元大小为 10 m×10 m,也可以根据实际需要来选择输出数据类型、方法等。然后点击【确定】得到 DEM 数据。

(3)打开 ArcMap,加载 DEM 数据,如图 8.7 所示。

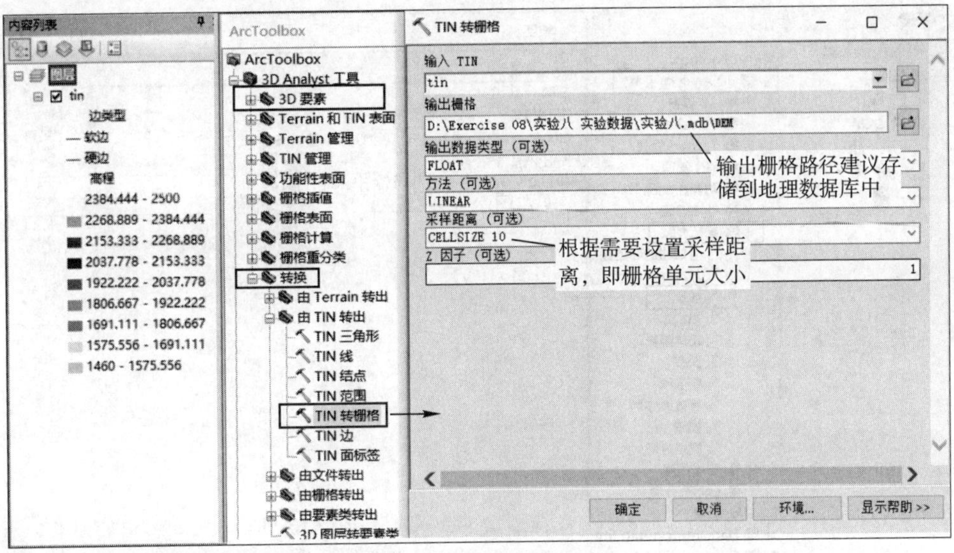

图 8.6　TIN 转栅格对话框

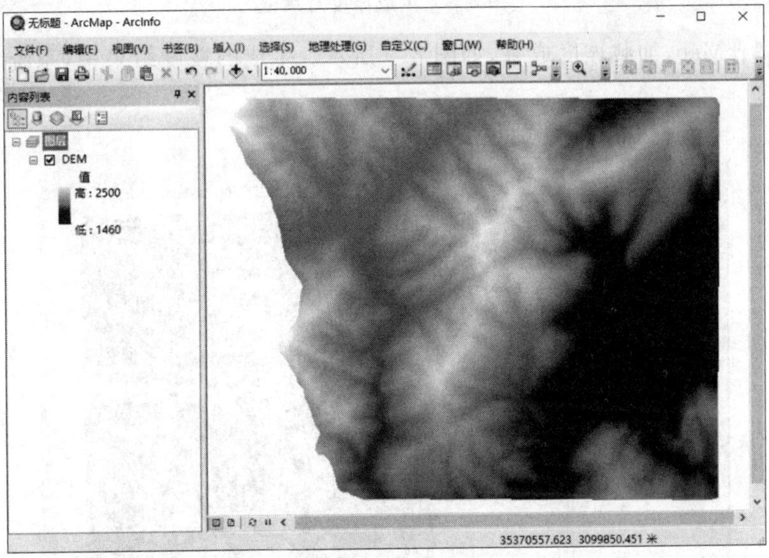

图 8.7　DEM 数据

(二)由 DEM 生成坡度

1. 由 DEM 生成坡度

坡度、坡向一般可以在 DEM 的基础上进行派生。本实验以坡度为例进行说明,具体操作步骤如下:

(1)打开 ArcMap,加载栅格 DEM 数据。

(2)打开 ArcToolbox,点击【3D Analyst 工具】→【栅格表面】→【坡度】。选择输入栅格、输出栅格的路径、名称;选择输出测量单位【DEGREE】,即采用度(°)来进行表示,如图 8.8 所示。

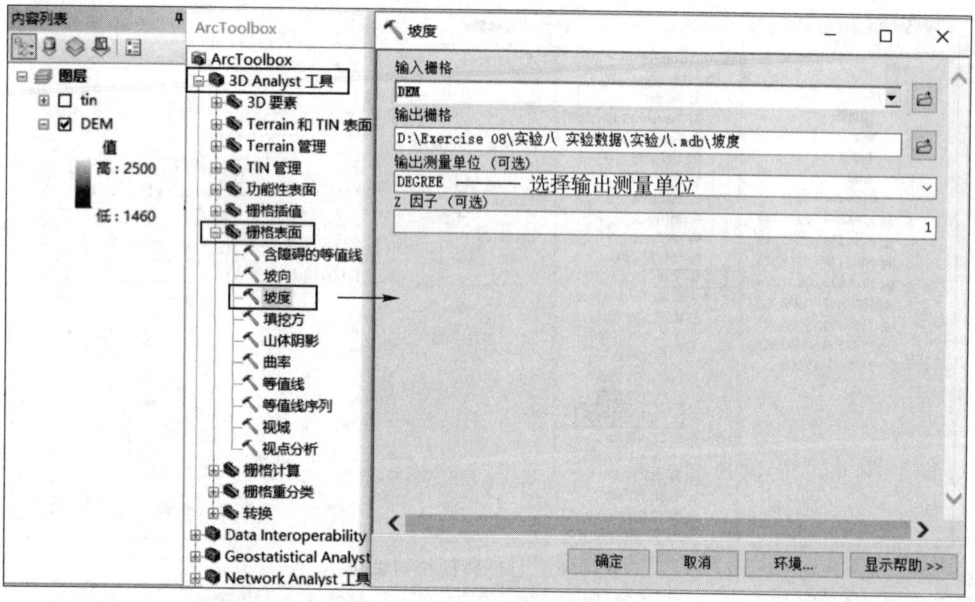

图 8.8 生成坡度对话框

(3)打开 ArcMap,加载坡度成果,如图 8.9 所示。生成的坡度结果中,系统自动将坡度分为了九类。

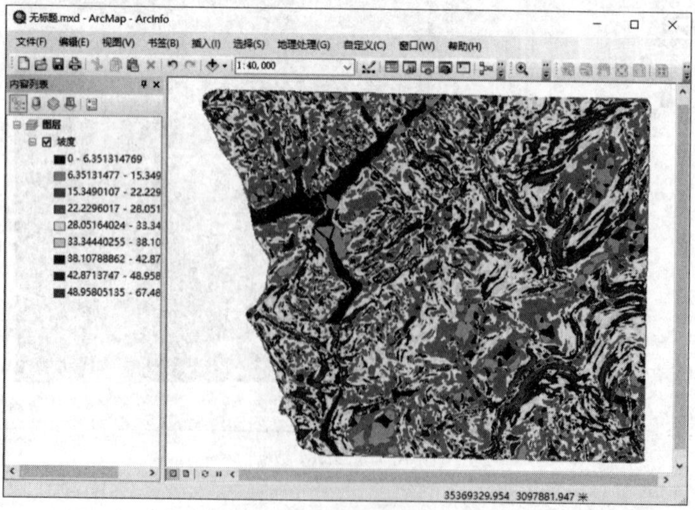

图 8.9 坡度

2. 坡度重分类

在实际工作中，可根据实际需要对坡度进行重分类，具体操作步骤如下：

(1)打开 ArcToolbox，点击【3D Analyst 工具】→【栅格重分类】→【重分类】，如图 8.10 所示。

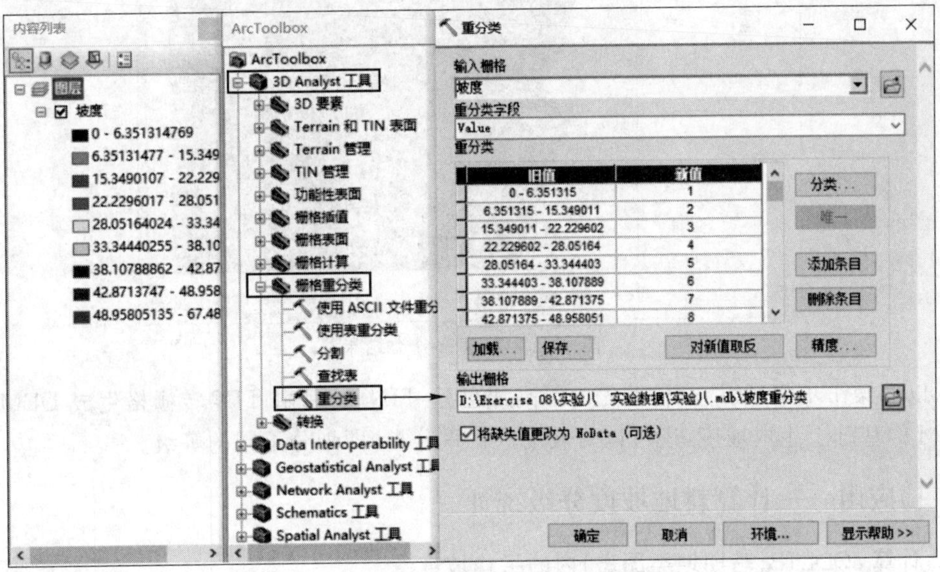

图 8.10　坡度重分类对话框

(2)在“重分类”对话框中，点击【分类…】，选择分类方法为【相等间隔】、类别为“5”，然后重新选择分类方法为【手工】，手工输入坡度等级和范围，坡度范围分别为 0°～<2°、2°～<6°、6°～<15°、15°～<25°、25°～<90°，共五个等级，然后点击【确定】，如图 8.11 所示。

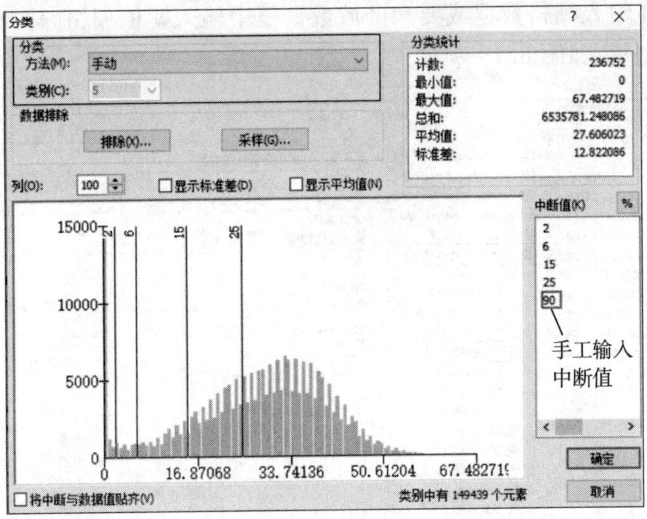

图 8.11　分类对话框

(3)打开 ArcMap，加载坡度重分类结果，如图 8.12 所示。从图中可以看出，value 值分为 1～5，其代表五个等级，其中 1 代表 0°～<2°、2 代表 2°～<6°、3 代表 6°～<15°、4 代表 15°～<25°、5 代表 25°～<90°。

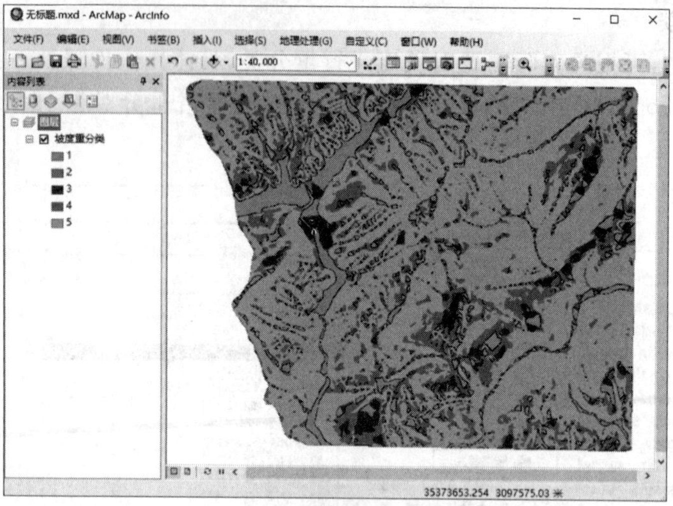

图 8.12 坡度重分类结果

从以上操作步骤可以看出，首先由等高线创建 TIN，然后由 TIN 转栅格生成 DEM，最后在 DEM 的基础上生成坡度，还可以对坡度进行重分类，即划分不同的等级。

(三)应用——计算耕地坡度分级统计

1. 计算 JQDLTB(基期地类图斑)内的平均坡度

具体操作步骤如下：

(1)打开 ArcMap，选择【自定义】→【扩展模块】→【Spatial Analyst】(勾选)。

(2)打开 ArcMap，加载图 8.9 中的“坡度”数据和“JQDLTB.shp”数据。

(3)打开 ArcToolbox，点击【Spatial Analyst 工具】→【区域分析】→【分区统计】，打开“分区统计”对话框。在输入栅格数据或要素区域数据框中输入赋值栅格，选择输出栅格的路径及名称，选择统计类型等，如图 8.13 所示。

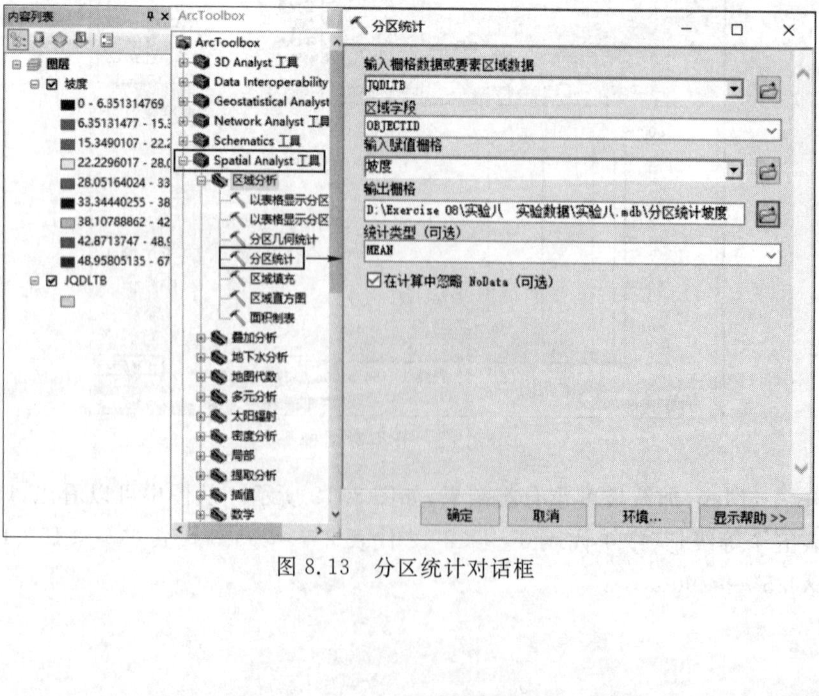

图 8.13 分区统计对话框

(4)打开 ArcMap,加载“分区统计坡度”数据,如图 8.14 所示。

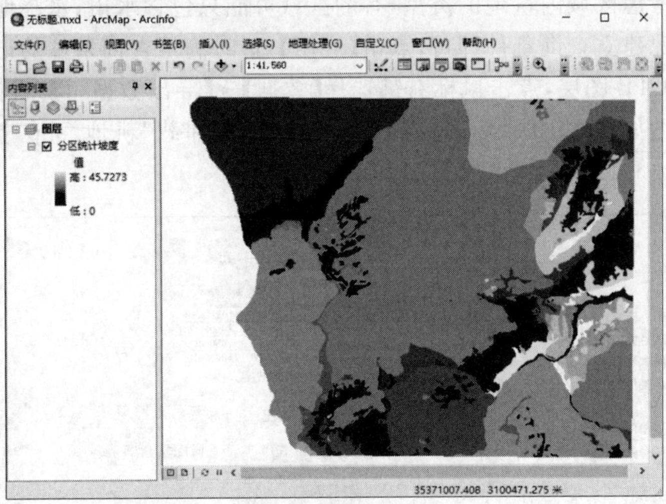

图 8.14　加载分区统计坡度成果

2. 提取耕地图斑

具体操作步骤如下：

(1)打开 ArcMap,加载“JQDLTB. shp”数据。

(2)选中“JQDLTB. shp”数据图层,点击鼠标右键选择【打开属性表】,在属性表的表选项中点击【按属性选择…】,打开“按属性选择”对话框,如图 8.15 所示。

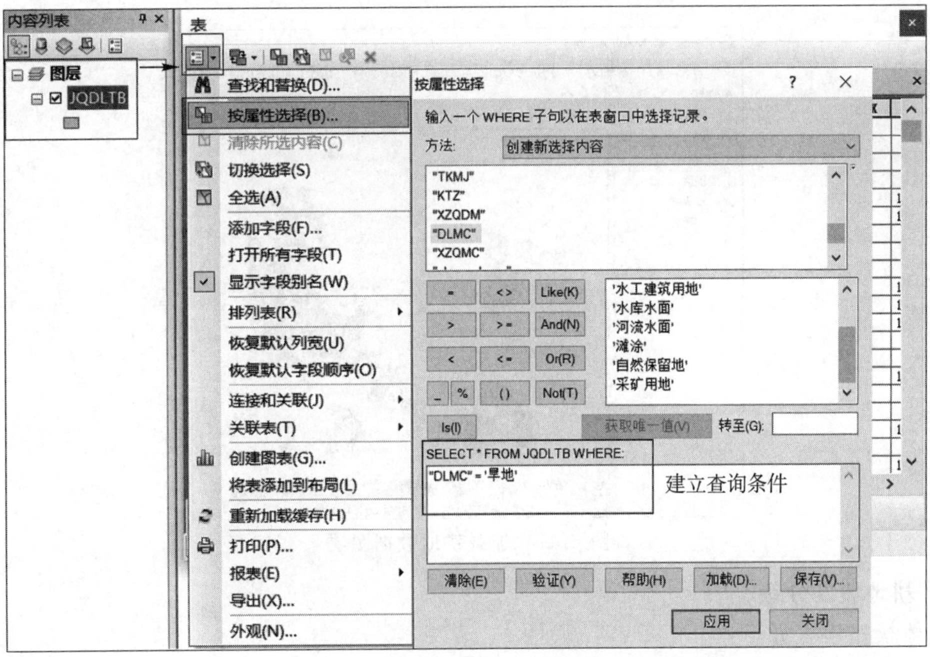

图 8.15　按属性选择对话框

(3)在对话框中输入查询条件,如要查询耕地,可按照 DLMC(地类名称)或 DLBM(地类编码)字段来进行查询,建立相应的条件为："DLMC" ='水田' or "DLMC" = '水浇地' or

"DLMC" = '旱地',或者"DLBM" = '111' or " DLBM " = '112' or " DLBM " = '113'。但在建立查询条件时,要考虑区域内耕地的类型,有的区域可能只包含水田、水浇地、旱地中的一种或两种,根据实际情况建立查询条件即可,点击【应用】,这时满足查询条件的记录处于选中状态。

(4)选中 JQDLTB 图层,点击鼠标右键选择【数据】→【导出数据…】,将耕地导出为一个新的数据“耕地. shp”,如图 8.16 所示。再次打开 ArcMap,加载“耕地. shp”数据,进行查看,如图 8.17 所示。

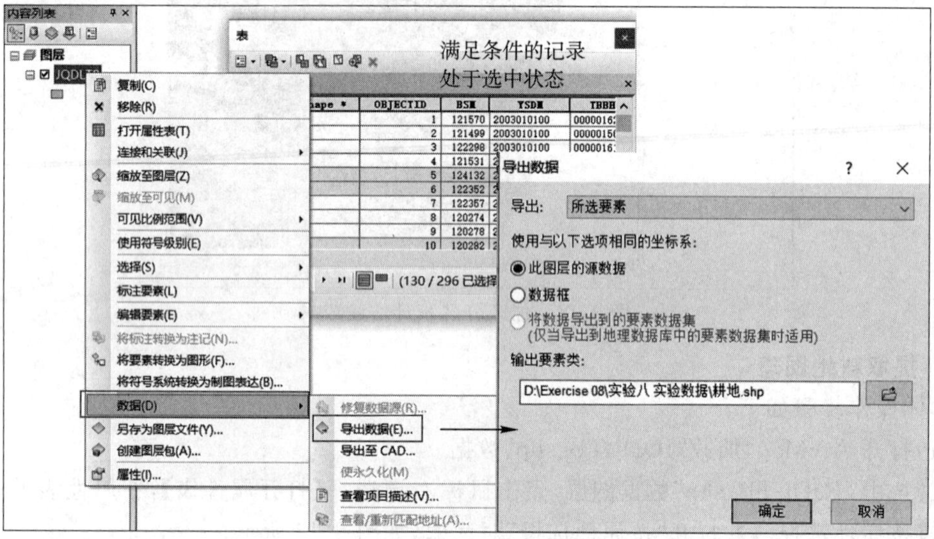

图 8.16　导出数据对话框

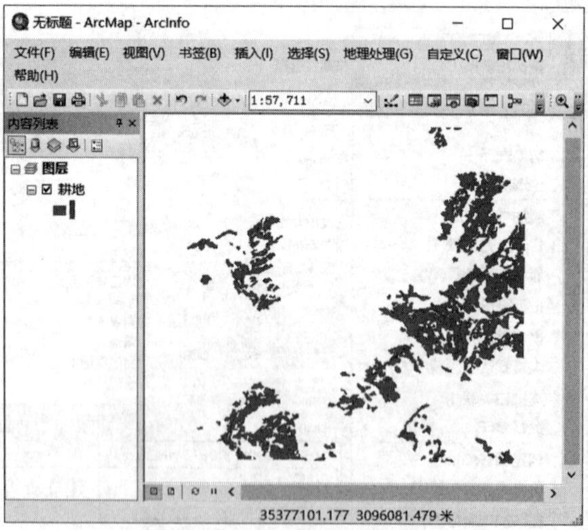

图 8.17　加载耕地数据图层

3. 耕地坡度分级

具体操作步骤如下:

(1)打开 ArcMap,加载“分区统计坡度”数据和“耕地. shp”数据。

(2)打开 ArcToolbox,点击【Spatial Analyst 工具】→【提取分析】→【按掩膜提取】,或【数据管理工具】→【栅格】→【栅格处理】→【裁剪】。按掩膜提取的操作在实验六已经介绍过,这里不再重复。本实验使用“裁剪”功能进行操作。

(3)打开“裁剪”对话框，输入栅格选择“分区统计坡度”、输出范围选择“耕地”，然后勾选【将输入要素用于裁剪几何(可选)】，选择输出栅格数据集的名称、路径，如图 8.18 所示。

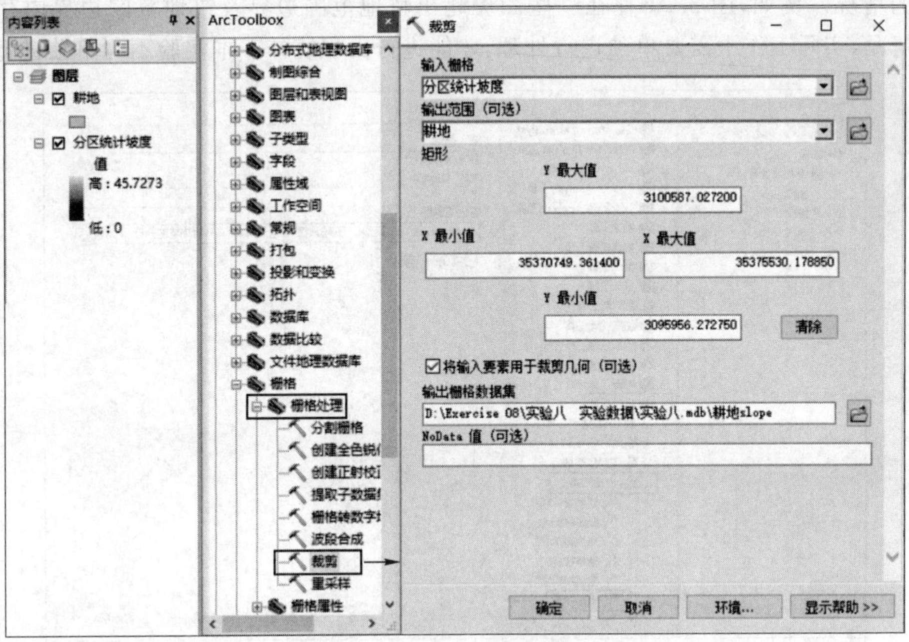

图 8.18　栅格裁剪对话框

(4)打开 ArcMap，加载“耕地 slope”栅格数据，查看耕地坡度级。然后使用“栅格重分类”功能对“耕地 slope”进行重分类，分类标准仍然按照五个等级进行划分，划分标准为等级 1 代表坡度范围 0°～<2°、等级 2 代表坡度 2°～<6°、等级 3 代表坡度 6°～<15°、等级 4 代表坡度 15°～<25°、等级 5 代表坡度 25°～<90°，重分类结果如图 8.19 所示。

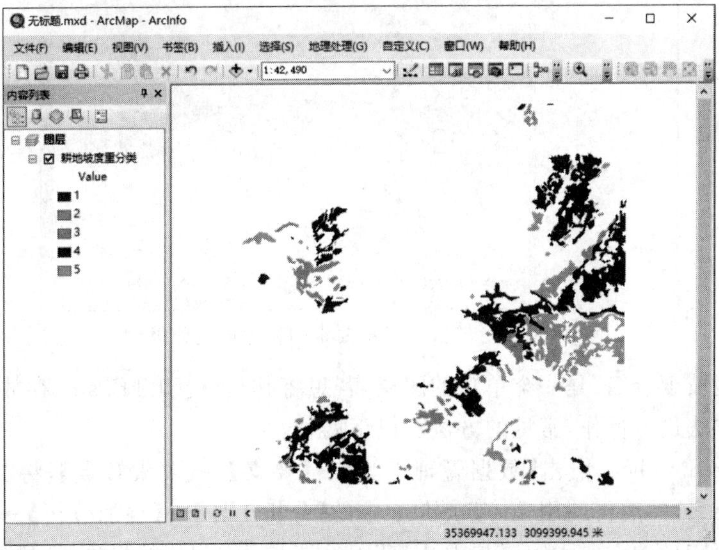

图 8.19　加载耕地坡度重分类成果

(5)耕地坡度重分类之后得到的仍然是栅格数据,如果要进行面积统计,需要将栅格数据转换为矢量数据,如图 8.20、图 8.21 所示。

提示:由于栅格数据是以像元为基础单元的,栅格转面之后的矢量数据会存在与裁剪范围不一致的情况。例如,图 8.21 存在一些图斑超出耕地范围边界及耕地范围边界内存在空白图斑的情况,实际工作中需要单独进行处理,才能进行面积统计。本实验不再单独进行处理。

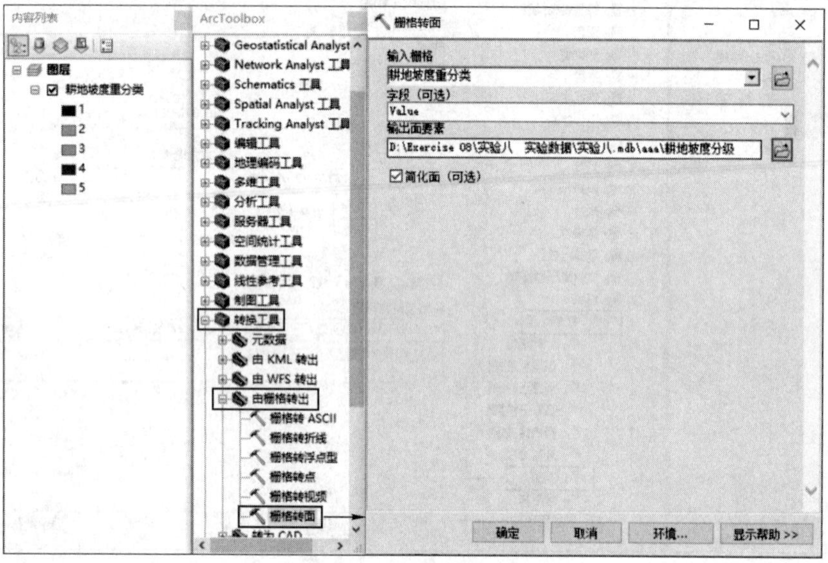

图 8.20 栅格转面对话框

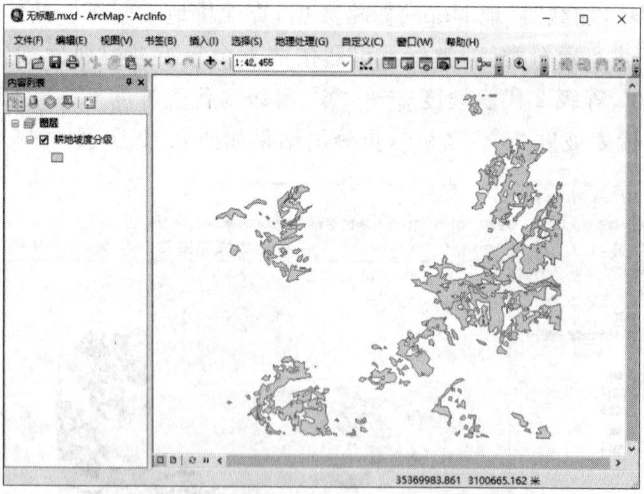

图 8.21 转换为矢量要素的耕地坡度分级

说明:“耕地坡度分级”是一个单独的图层,若想将其与 JQDLTB.shp 存放到同一个图层,可采用不同的方法进行操作,常见的方法有以下两种:

(1)打开 ArcToolbox,点击【数据管理工具】→【要素】→【要素转点】,将“耕地坡度分级”图层转换为点要素,然后再使用 ArcToolbox 中的【分析工具】→【叠加分析】→【空间连接】,对“耕地坡度分级”转换的点要素图层与 JQDLTB 图层进行空间连接操作,这样便可以将耕地坡度分级结果“空间连接”到 JQDLTB 图层中。

(2)首先对 JQDLTB 图层使用【按属性选择…】,将耕地图斑全部选中并删除,然后再选择"耕地坡度分级"图层,复制粘贴到 JQDLTB 图层中,这样复制粘贴到 JQDLTB 中的耕地图斑图形要素未发生变化,但耕地图斑的属性信息发生了变化。

4. 耕地坡度分级面积统计

当把耕地坡度分级结果存储到地理数据库中时,便在属性表中自动生成了面积(Shape_Area)字段。如果未存储到地理数据库中,可通过添加字段的方式添加面积字段,然后选中该字段,点击鼠标右键选择【计算几何…】,计算面积,如图 8.22 所示。

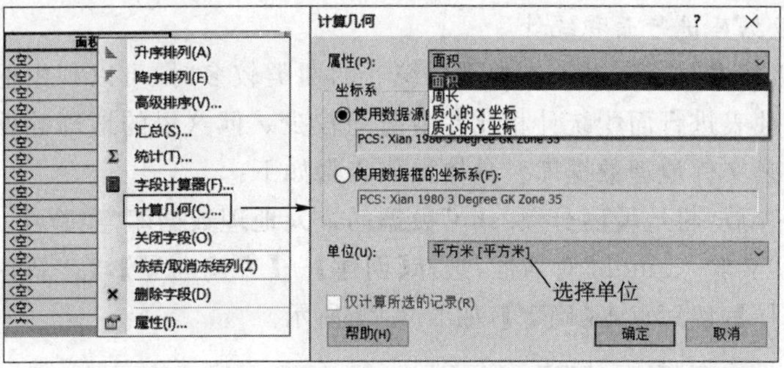

图 8.22　计算几何对话框

1)利用属性表进行面积统计

具体操作步骤如下:

(1)打开 ArcMap,加载"耕地坡度分级.shp"数据。

(2)选中"耕地坡度分级"图层,点击鼠标右键打开属性表,选择表选项中的【按属性选择…】,打开"按属性选择"对话框,坡度等级存储在字段 grid_code 中,首先建立查询条件[grid_code]= '1',然后选择 Shape_Area 字段,点击鼠标右键选择【统计…】,得出相应的坡度等级为 1 的面积统计结果,单位为 m^2,如图 8.23 所示。按照同样的方法,可以统计出坡度等级为 2 的面积,如表 8.1 所示。

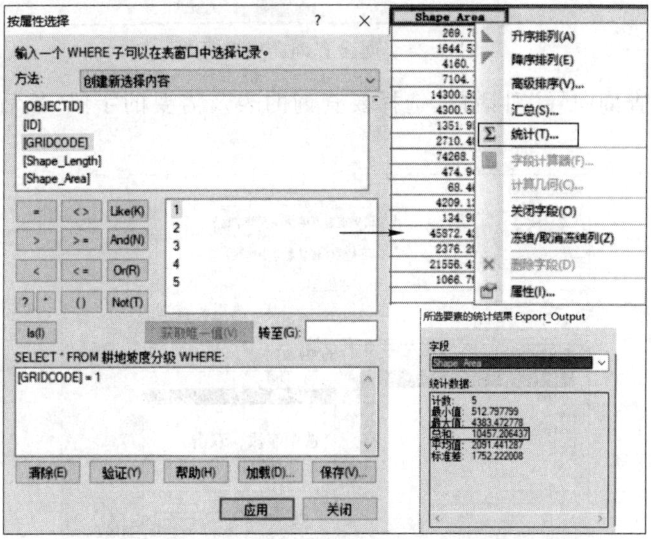

图 8.23　面积统计对话框

表 8.1　坡度等级面积统计表

坡度等级	面积(m^2)
1	10 457.21
2	27 263.67
3	278 699.04
4	1 865 984.36
5	708 716.19
合计	2 891 120.47

2)利用地理数据库进行面积统计

当统计的等级较多时或者在工作中需要统计的地类较多时，可以利用地理数据库进行面积统计，与利用属性表进行面积统计相比花费时间较少。但这里的地理数据库必须是个人地理数据库，而不能是文件地理数据库。具体操作步骤如下：

(1)双击打开存放“耕地坡度分级.shp”数据的个人地理数据库“实验八.mdb”。

(2)双击打开“实验八.mdb”对话框，选择【创建】→【查询向导】，在“新建查询”对话框中，选择【简单查询向导】，然后点击【确定】，如图 8.24 所示。

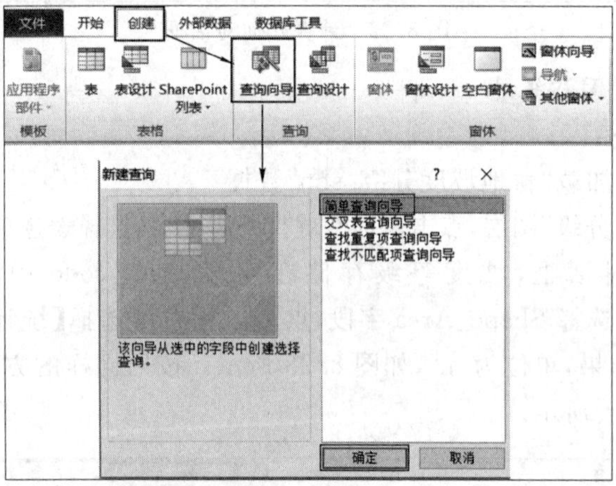

图 8.24　创建查询向导对话框

(3)打开“简单查询向导”对话框，选择要查询的表及需要的字段，然后点击【下一步】，如图 8.25 所示。

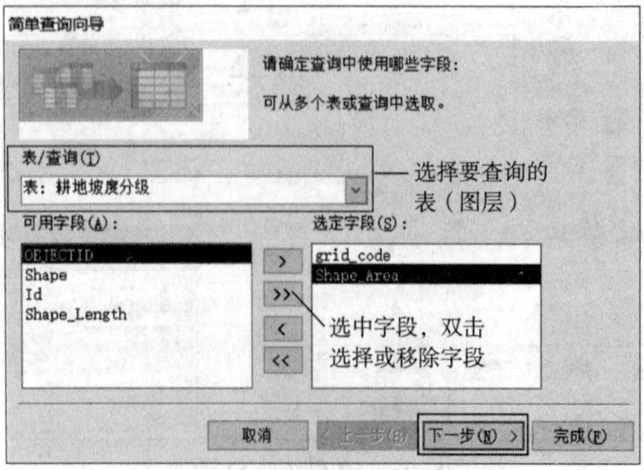

图 8.25　简单查询向导对话框

(4)在"请确定采用明细查询还是汇总查询"对话框中,选择【汇总】,然后点击【汇总选项…】,在弹出的对话框中,勾选Shape_Area字段汇总,如图8.26所示。然后点击【下一步】,在弹出的对话框中,选择【打开查询查看信息】,然后点击【完成】即可,如图8.27所示。

(5)在图8.27"耕地坡度分级查询"对话框中,可以将查询结果复制、粘贴到Excel表格中,进行相应的数据整理即可得到耕地各坡度等级的面积统计表,单位为 m^2。

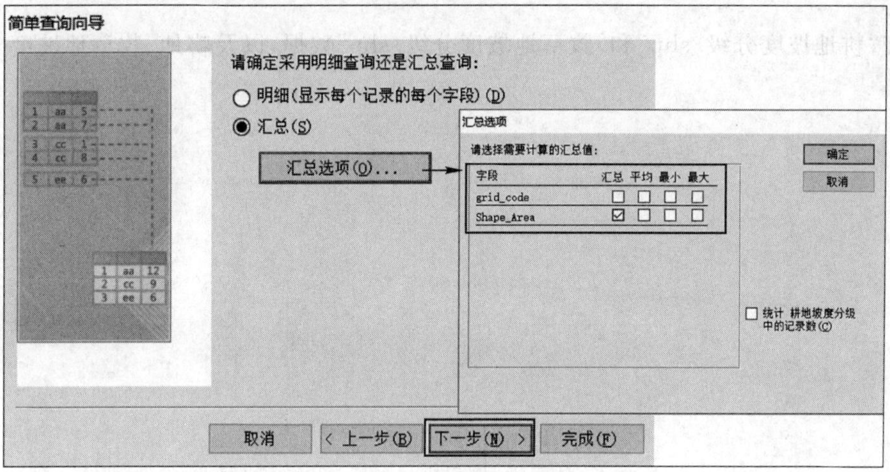

图8.26　汇总查询对话框

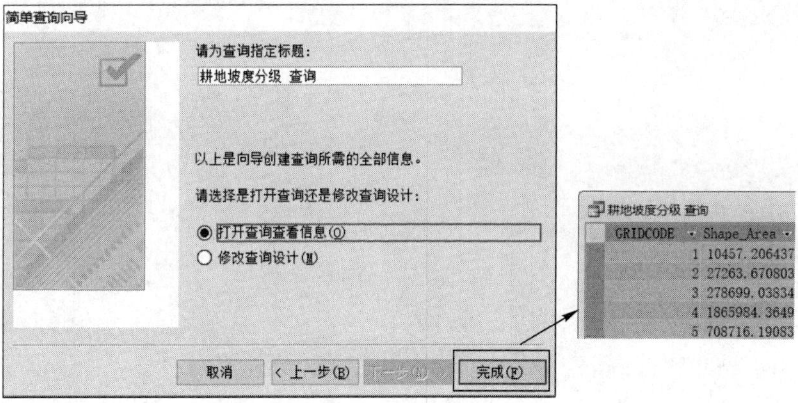

图8.27　查询结果

四、拓展训练

(一)拓展训练数据

存储路径	名称	格式	图层类型
实验八\拓展训练数据	DGX	shp	线
实验八\拓展训练数据	XZQ	shp	面
实验八\拓展训练数据	JQDLTB	shp	面

(二)拓展训练要求

根据拓展训练数据，求出XZQ范围内耕地和牧草地的坡度分级，并进行相应的面积统计，制作耕地和牧草地各坡度等级面积统计表(提示:坡度具体分类见实验八内容)。

(三)成果提交

提交“耕地坡度分级.shp”和“牧草地坡度分级.shp”数据，以及耕地、牧草地坡度分级面积统计表。

实验九　ArcMap 制图

一、实验目的

(1)能够说出一幅地图的构成要素包括哪些。

(2)能够独立使用 ArcGIS 完成一幅地图的制作。

二、实验准备

(一)实验数据

存储路径	名称	格式	图层类型
实验九\实验数据	XZJQHZJ	/	注记
实验九\实验数据	XZQJX	shp	线
实验九\实验数据	JQXZDW	shp	线
实验九\实验数据	XZJQH	shp	面
实验九\实验数据	××市副图	shp	面
实验九\实验数据	土地利用现状图	style	符号库

(二)软件准备

ArcGIS10.0 中文版。

三、实验内容和步骤

本实验以行政区划图制作为例进行说明。

(一)地图符号化及版面设计

地图符号化主要是对地图中的要素进行符号化表示,并根据表示内容的范围大小来选择横向还是纵向版面的设计。

1. 地图符号化

(1)打开 ArcMap,加载所需要的图层数据,然后选择图层,点击鼠标右键选择【属性…】→【符号系统】→【类别】→【与样式中的符号匹配】,选择匹配的值字段及浏览相应的符号库,最后点击【匹配符号】进行匹配。以 XZQJX. shp 图层为例,匹配的"值字段"选择【界限类型】,"与样式中的符号进行匹配"中则浏览相应的符号库存放位置。另外,还可以根据需要添加值和删除值,如图 9.1 所示。若没有符号库,则可以手工制作符号库,然后再进行使用。

(2)如果有多个图层,可依次对每个图层按不同的字段进行符号化。本实验中需要进行符号化的图层主要包括 XZQJX. shp、JQXZDW. shp、XZJQH. shp。各图层符号化结果如

图 9.2、图 9.3 所示。

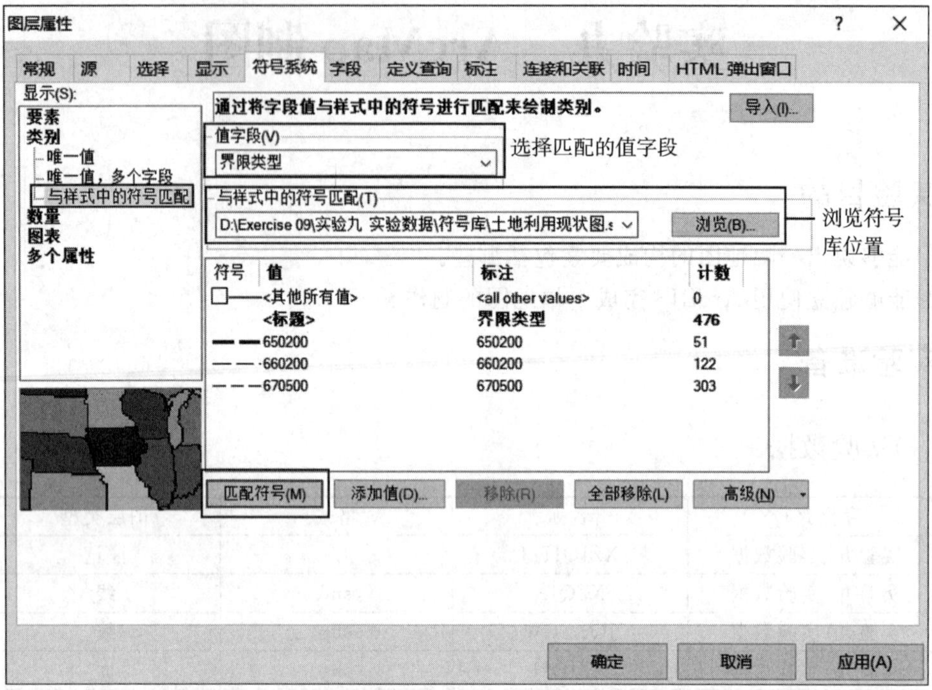

图 9.1 XZQJX 图层符号化示意

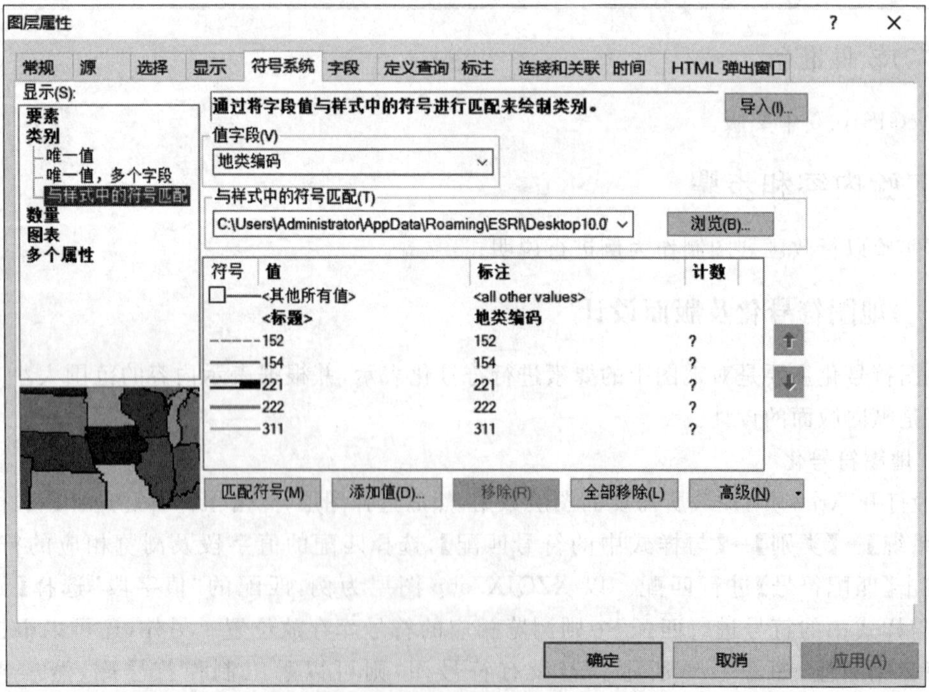

图 9.2 JQXZDW 图层符号化示意

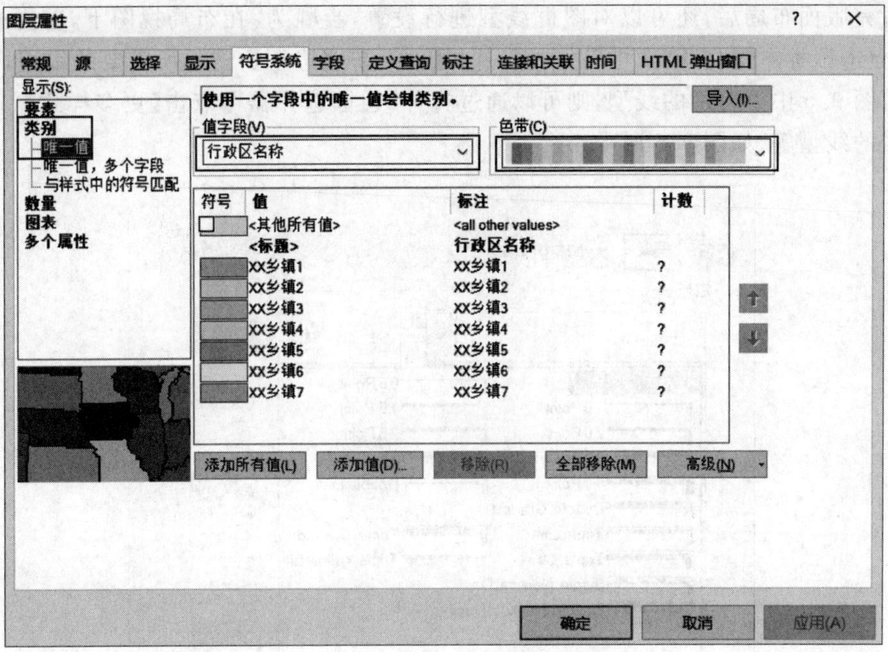

图 9.3　XZJQH 图层符号化示意

2. 版面布局设计

根据研究区域的形状来选择图框是横向还是纵向。点击 ArcMap 主菜单中的【文件】→【页面和打印设置…】，打开"页面和打印设置"对话框，选择相应的打印机设置。若电脑未连接到打印机，则可以通过安装 PDF 虚拟打印机等方式进行纸张的设置。另外，还可以在标准大小中选择【自定义】，根据研究区域大小自定义合适的尺寸，如图 9.4 所示。

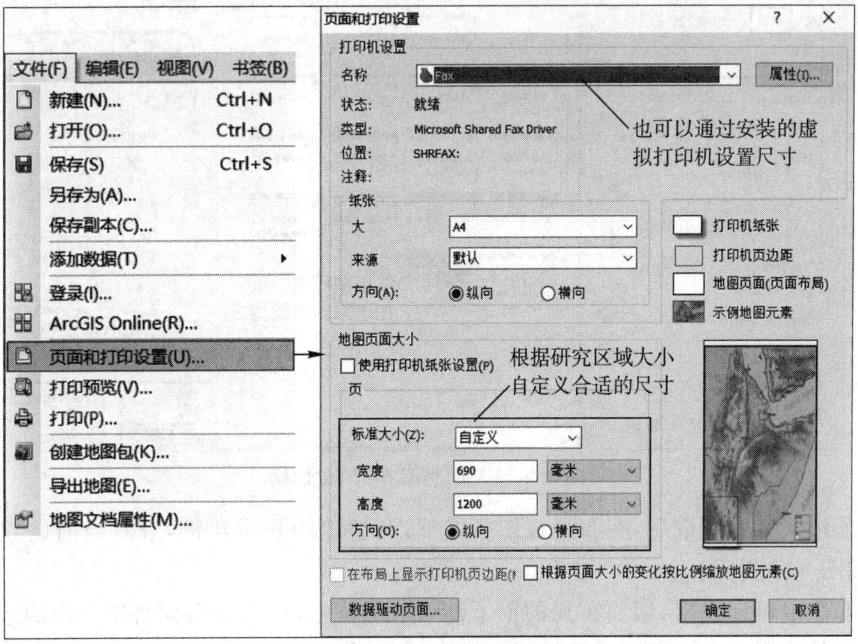

图 9.4　版面布局设置对话框

设置完版面布局后，还可以对图框线型进行设置，步骤为：在布局视图下，首先选择数据框，然后点击鼠标右键打开“属性”对话框，选择【框架】→【边框】，选择所需要的线型，如图 9.5 所示。若图 9.5 中无合适的线型，则可以通过打开“边框选择器”，点击【更多样式】，根据需要添加所需的线型等，如图 9.6 所示。

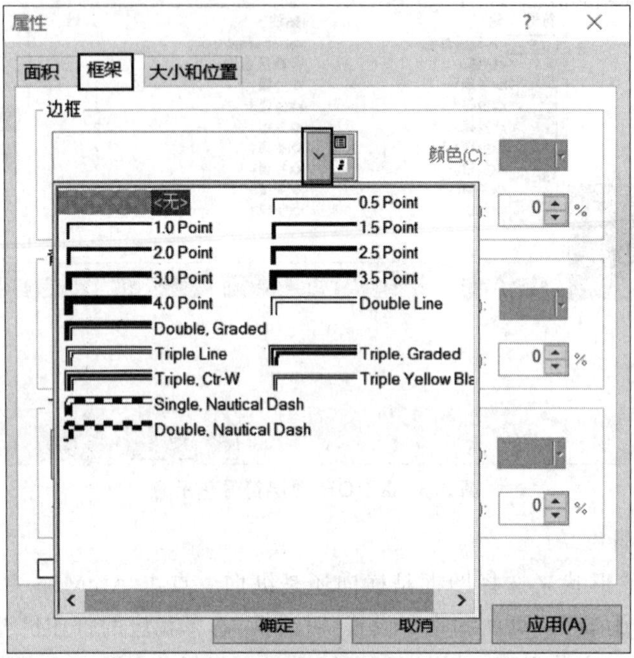

图 9.5 边框设置对话框

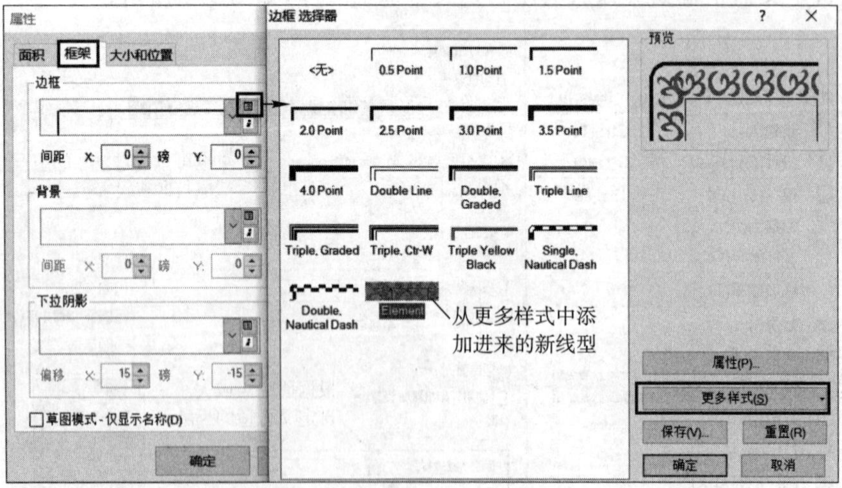

图 9.6 添加“更多样式”对话框

数据框边框设置完成后，在布局视图模式下，调整地图显示比例，查看当前设置的版面布局效果，如图 9.7 所示。

从图 9.7 中可以看出，版面布局的上下都预留了位置，这是为后面将要介绍的地图整饰要素预留一定的位置。

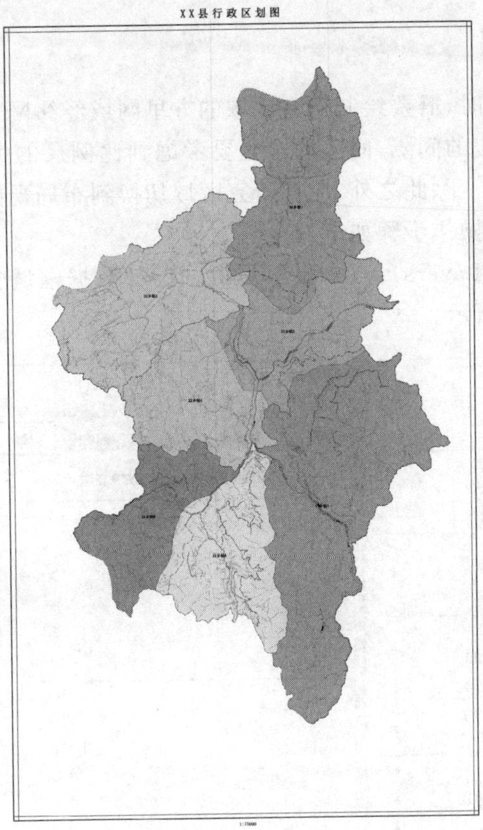

图 9.7　布局视图效果图

3. 透明度设置

图层进行显示时，可根据需要设置不同的透明度进行表示。首先选择需要设置的图层，然后点击鼠标右键，打开“图层属性”对话框，选择【显示】，如图 9.8 所示。

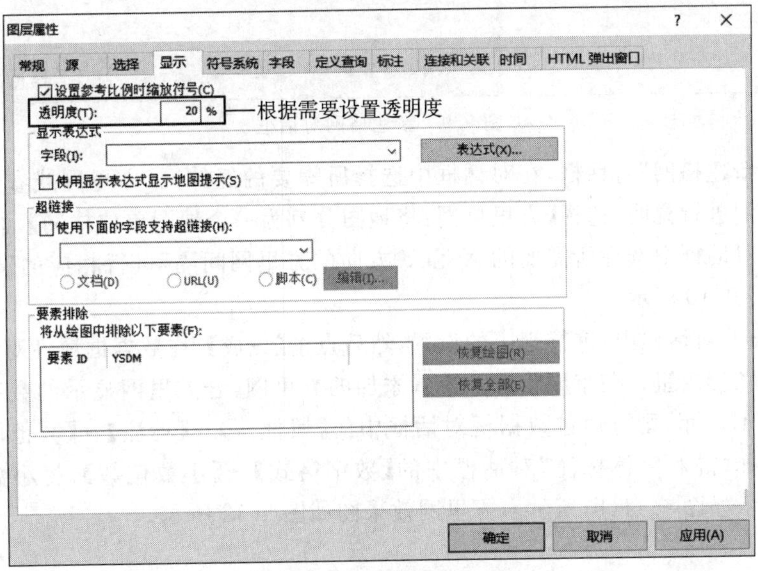

图 9.8　设置透明度对话框

(二)绘制坐标格网

在利用 ArcMap 制图时,需要绘制研究区域的方里网或经纬网。在绘制时,无论是方里网还是经纬网,都要设置相应的间隔,间隔的设置要考虑到比例尺的大小。比例尺越大,间隔越小;比例尺越小,间隔越大。除此之外,应把研究区域切换到布局视图状态下进行显示,查看绘制坐标格网的效果。具体操作步骤如下:

(1)首先选中数据框(Layers),点击鼠标右键,打开"数据框属性"对话框,选择【格网】→【新建格网…】,如图 9.9 所示。

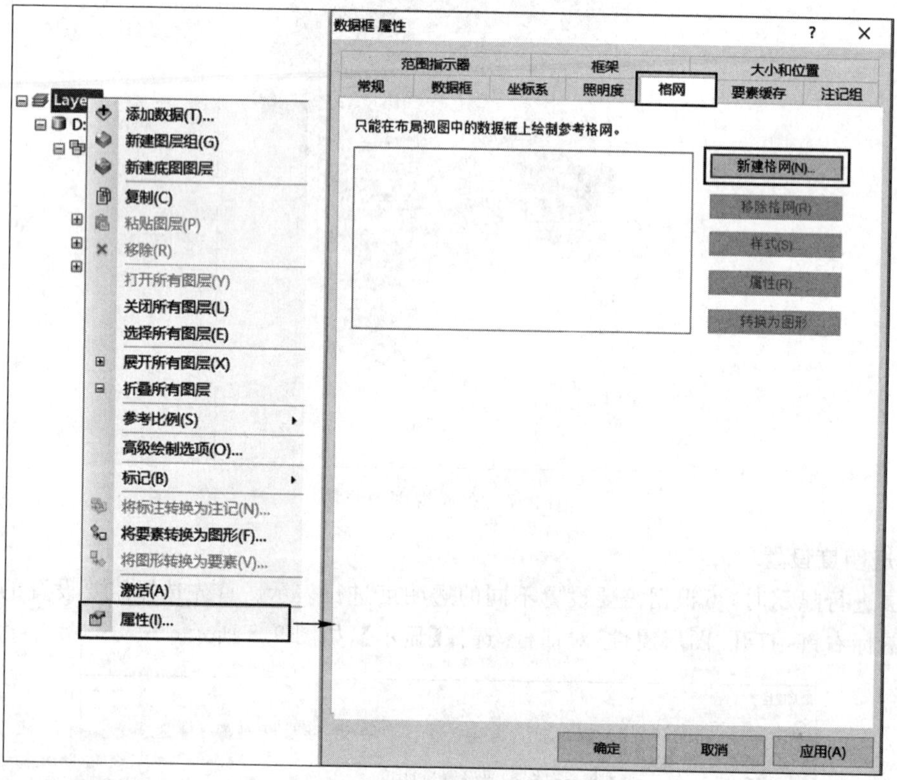

图 9.9 新建格网对话框

(2)打开"新建格网"对话框,在对话框中选择所需要的经纬网、方里网或参考格网。本实验以方里网为例进行说明,选择【方里格网:将地图分割为一个地图单位格网】,然后点击【下一步】,在弹出的对话框中选择所需要的 X 和 Y 方向的方里网间隔,进行相应的设置,然后点击【下一步】,如图 9.10 所示。

(3)在弹出的对话框中,进行相应的设置,然后点击【完成】,在数据框属性对话框中依次点击【应用】和【确定】按钮。在布局状态下查看添加的方里网,若方里网显示的数字未达到要求时,如图 9.11(a)所示,则可通过数据框对话框中的【属性…】→【标注】→【其他属性】→【混合字体标注】,选择"混和字体标注"对话框中的【数字格式】→【小数位数】,将小数位数设置为"0",方里网显示如图 9.11(b)所示。方里网效果图如图 9.12 所示。

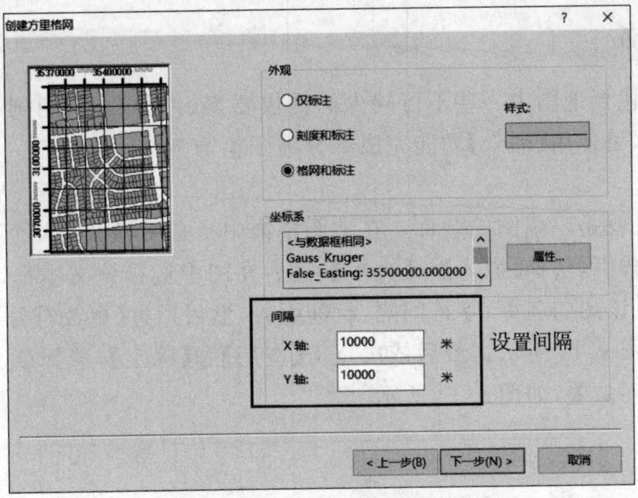

图 9.10　设置方里网间隔对话框

（a）修改前　　（b）修改后

图 9.11　方里网显示修改前后对比

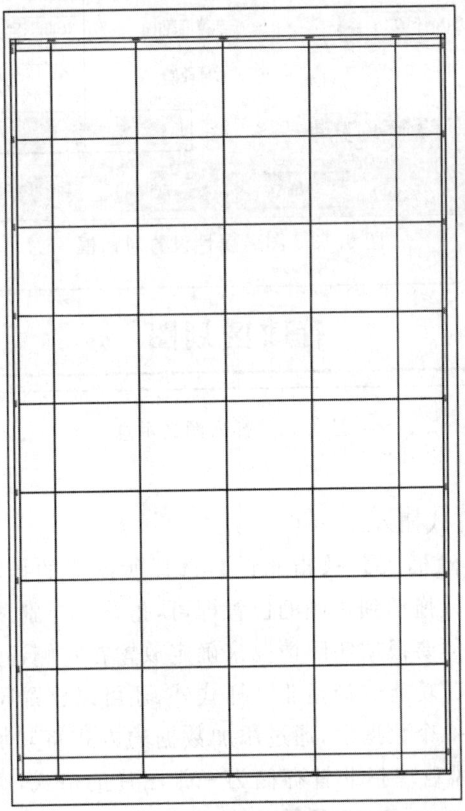

图 9.12　绘制方里网效果

(三)地图整饰

地图整饰主要包括地图中一些不可缺少的构成要素,包括图名、图例、比例尺、指北针等。在布局视图模式下,可使用【插入】功能完成部分地图整饰工作。

1. 图名

图名,顾名思义就是一幅图的名称。在地图整饰中是必不可少的一个要素。

在布局视图模式下,选择【插入】→【文本】,然后在图中选择该文本框,点击鼠标右键打开"属性"对话框,输入该图的名称、字符间隔、行间距等,然后通过【更改符号…】按钮来选择合适的字体、大小等,如图 9.13 所示。最后依次点击【应用】和【确定】,选择该文本框,将其拖动到页面布局上方的中间位置,如图 9.14 所示。

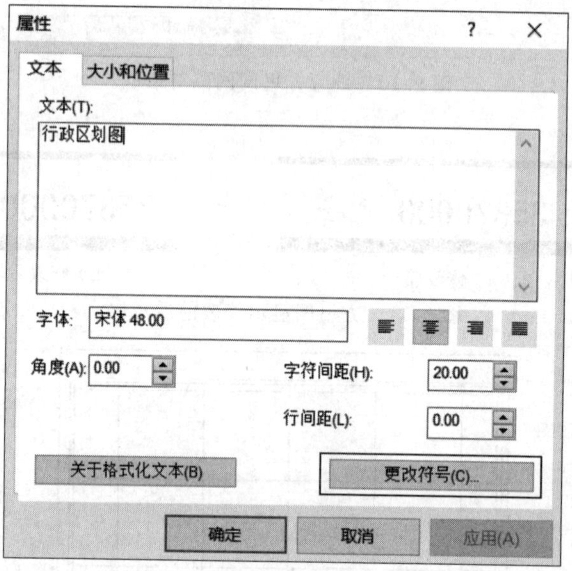

图 9.13 图名属性设置对话框

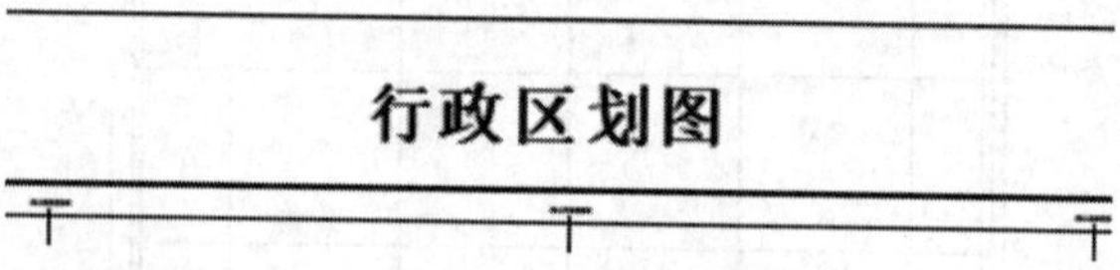

图 9.14 插入图名示意

2. 指北针

指北针可以通过两种方式插入:

(1)在布局视图下,选择【插入】→【指北针】,选择所需要的指北针类型,点击【确定】,如图 9.15 所示。然后将指北针拖动到正确的位置即可,指北针与副图一般分别放置在页面布局的左上方和右上方的位置,但要根据实际情况来确定放置在左侧还是右侧。

(2)除了可以通过"插入"功能选择指北针样式外,还可以放置风玫瑰指北针。若风玫瑰指北针为矢量数据,可新插入一个数据框,通过添加数据的方式将其加载到该数据框中,然后再进行相应的设置。也可将风玫瑰指北针存储为一张图片的格式,直接复制、粘贴到页面布局中,拖放到合适的位置即可,如图 9.16 所示。

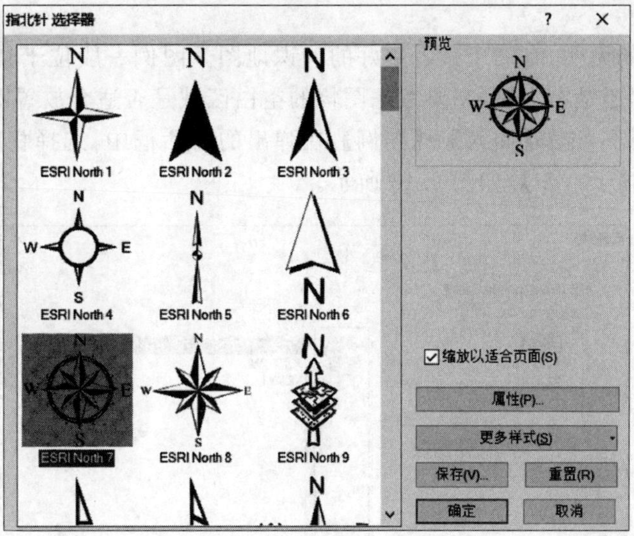

图 9.15 指北针样式设置对话框

3. 副图

副图是指补充说明主图内容的地图，一般用来表示主图在上一级行政单位的位置。比如主图为某区县，则副图一般为某区县在某地级市的位置示意图。副图一般位于整幅图的左上侧或右上侧，放置在左侧还是右侧，主要考虑到图幅的空白区域是否适合放置副图。

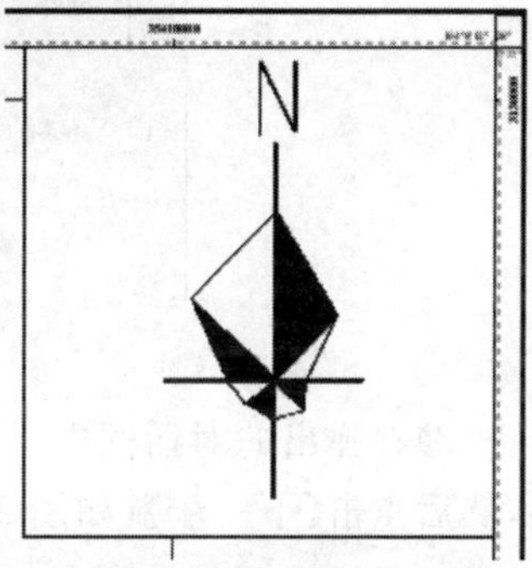

图 9.16 风玫瑰指北针示意

在布局视图下，选择【插入】→【数据框】，在该数据框中添加副图数据，将副图中主图的区域渲染为红色，其他区域渲染为无色，并对该数据框选择相应的边框，并将背景值设置为白色，如图 9.17 所示。

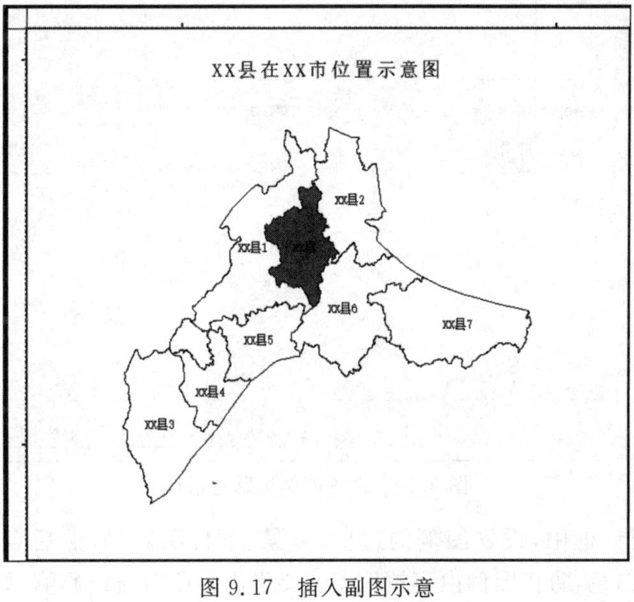

图 9.17 插入副图示意

4. 图例

图例是对地图的说明，有助于读者更好的认识地图。图例一般位于整幅图的左下侧或右下侧，放置在左下侧还是右下侧，主要考虑图幅的空白区域是否适合放置图例。

(1)在布局视图下，选择【插入】→【图例】，在弹出的对话框中，选择相应的图层、设置图例中的列数，然后点击【下一步】，如图 9.18 所示。

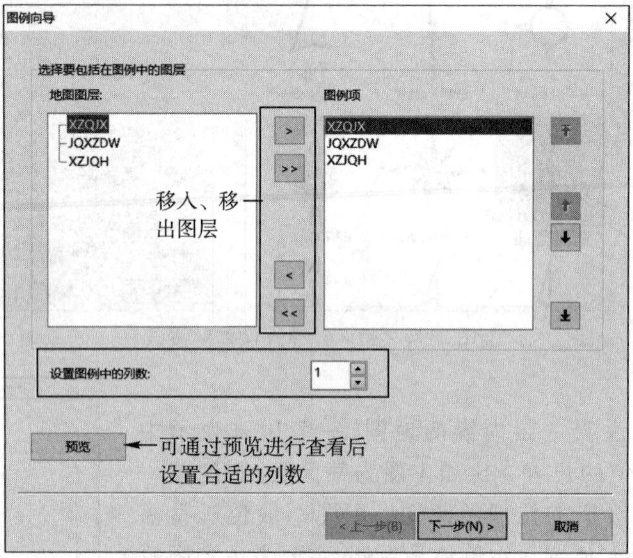

图 9.18 图例项设置对话框

(2)在弹出的对话框中，设置图例标题，默认为“图例”，可根据需要调整“图例”的字间距大小，然后点击【下一步】，如图 9.19 所示。

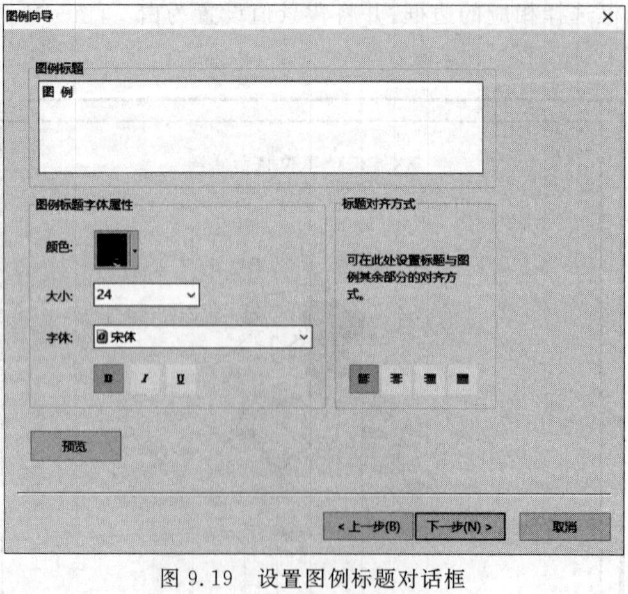

图 9.19 设置图例标题对话框

(3)在弹出的对话框中，设置图例的边框、背景、下拉阴影等，然后点击【下一步】。一般图例的背景设置为白色，防止图例内容被地图的要素内容所覆盖或影响，如图 9.20 所示。

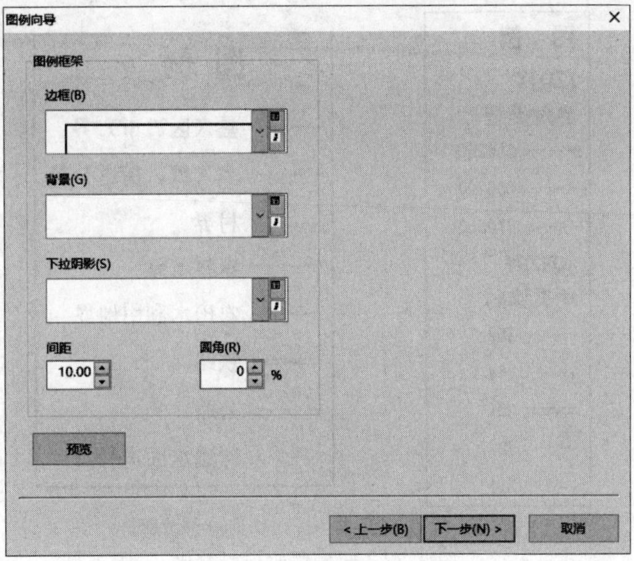

图 9.20　图例框设置对话框

(4)在弹出的对话框中，更改图例中符号的大小、形状等，如无特殊要求，可不修改，直接选择默认值即可，然后点击【下一步】。

(5)在弹出的对话框中，设置图例各部分之间的间距。如无特殊要求，可不修改，直接选择默认值即可，然后点击【完成】。在页面布局中，将看到生成的图例。

(6)生成的图例，并不一定能达到要求，这时可对图例进行相应的修改，选中“图例”，点击鼠标右键选择【转换为图形】，然后选择【取消分组】，对图例进行相应的修改和编辑操作，当修改完成后，选中图例全部内容，然后点击鼠标右键选择【组】。打开图例的属性对话框，设置相应的边框、X 和 Y 方向的间隔、背景值等，背景值一般设置为“白色”，最后依次点击【应用】和【确定】按钮，如图 9.21 所示。图例修改前后对比如图 9.22 所示。

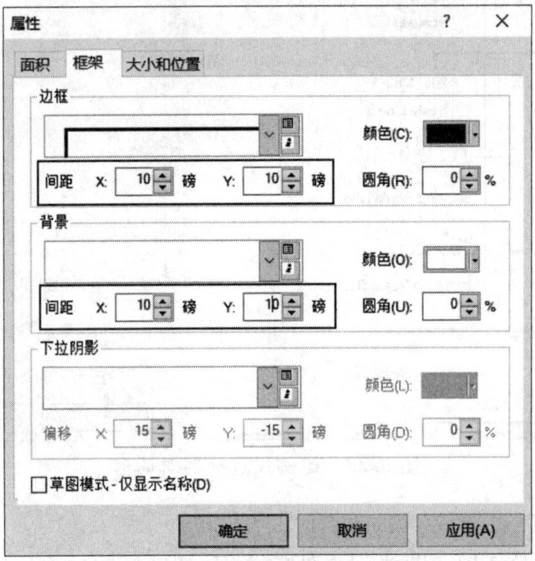

图 9.21　图例属性设置对话框

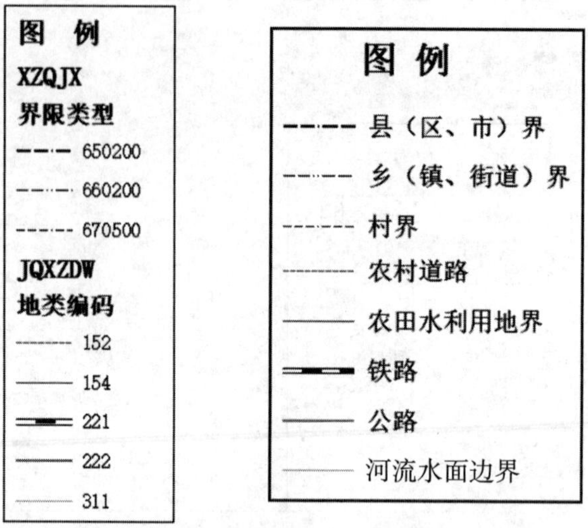

（a）修改前　　（b）修改后

图 9.22　图例修改前后对比

5. **比例尺**

比例尺一般包括数字比例尺、图示比例尺和文字比例尺。

在布局视图模式下，选择【插入】→【比例尺】，在"比例尺选择器"对话框中选择相应的比例尺样式，如图 9.23 所示。另外，还可以选择数字比例尺，比如 1∶50 000。比例尺一般放置整幅图的最下方的中间位置，与图名的位置刚好相对应。

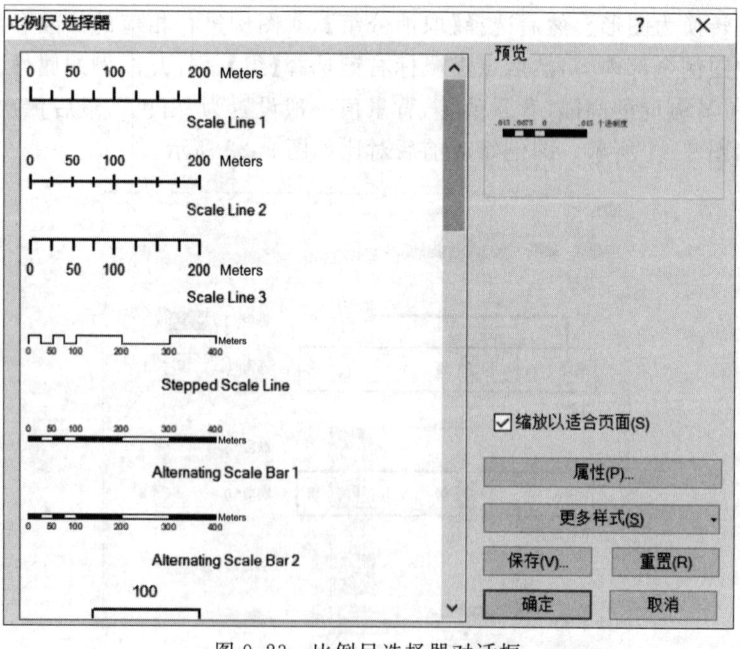

图 9.23　比例尺选择器对话框

6. **其他说明性文字**

其他说明性文字一般是指主图注记之外的文字，如在图幅的左下方位置放置高程基准、等高线间距、坐标系、编制时间等内容，可放置多行，一般建议行与行左对齐；图幅的右下方一般一般会放置制图单位、制图人等内容，同样可放置多行，行与行之间一般右对齐。图幅左下方的内容，如图 9.24 所示。

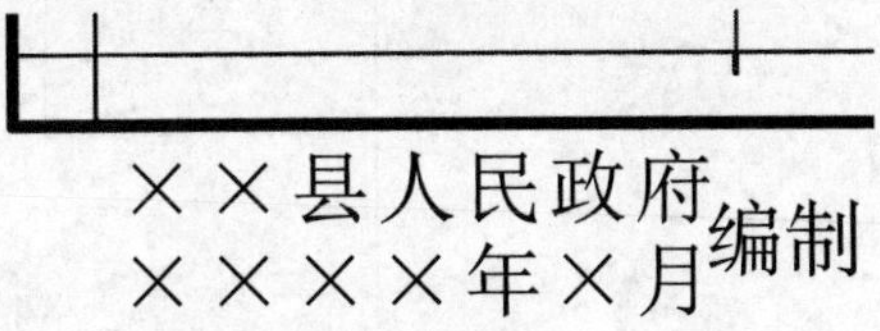

图 9.24　其他说明性文字示意

7. 图片、表格等

地图整饰除了以上要素外，往往还包括图片、表格等内容，图片和表格在图中没有固定的位置，最好放置在图中的空白区域。

在布局视图模式下，选择【插入】→【图片】，可将图片插入页面布局中。选择【插入】→【对象】→【由文件创建】，可选择 Excel 表格等内容，除此之外，还可以将 Excel 表格存储为图片，然后再插入或复制、粘贴到页面布局中，插入表格效果如图 9.25 所示。

项目区土地利用现状面积统计表（2011年）

地类名称		面积（公顷）	占土地总面积的比例（%）
农用地	耕地	376.34	54.30
	园地	0.00	0.00
	林地	133.79	19.30
	其他农用地	0.08	0.01
	小计	510.20	73.61
建设用地	城乡建设用地	156.48	22.58
	交通水利用地	0.00	0.00
	其他建设用地	2.15	0.31
	小计	158.63	22.89
其他土地	水域	6.86	0.99
	自然保留地	17.40	2.51
	小计	24.25	3.50
合计		693.09	100.00

图 9.25　插入表格示意

(四)地图输出

当完成以上操作时，便可将完成或制作好的地图进行打印、打印预览、导出地图等操作，一般地图输出的格式主要包括 JPG、TIF、PDF 等。

地图输出的操作步骤为：点击 ArcMap 主菜单中的【文件】→【导出地图】，然后选择输出的路径、类型等，如图 9.26 所示。最后，可以打开导出的地图进行查看，如图 9.27 所示。

图 9.26　导出地图对话框

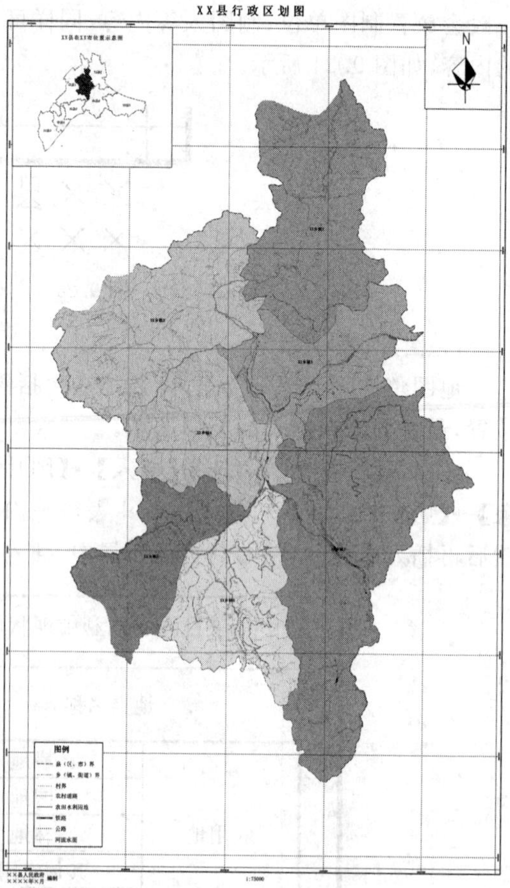

图 9.27　查看导出的地图

四、拓展训练

(一)拓展训练数据

存储路径	名称	格式	图层类型
实验九\拓展训练数据	JQXZDW	shp	线
实验九\拓展训练数据	JQDLTB	shp	面
实验九\拓展训练数据	××乡镇1行政范围	shp	面
实验九\拓展训练数据	××县副图	shp	面
实验九\拓展训练数据	土地利用现状图	style	符号库

(二)拓展训练要求

根据拓展训练数据,制作××乡镇1土地利用现状图(2010年)。

(三)成果提交

提交××乡镇1土地利用现状图,要求格式为JPG或TIF,分辨率为300 dpi。

实验十　综合练习

一、实验目的

(1)熟练掌握格式转换、影像配准、镶嵌及裁剪等操作。

(2)熟练掌握矢量化、字段添加、属性赋值、面积统计与分析等操作。

二、实验准备

(一)实验数据

存储路径	名称	格式	图层类型
实验十\实验数据	G48G006031DOM	msi	/
实验十\实验数据	G48G007031DOM	msi	/
实验十\实验数据	接图表	shp	面
实验十\实验数据	裁剪范围	xls	表格

(二)软件准备

ArcGIS10.0 中文版。

三、实验要求及步骤

(一)实验要求

对项目区内的地类图斑进行面积的统计、分析,形成项目区土地利用现状表数据。

(二)实验步骤

(1)将 G48G006031DOM. msi、G48G007031DOM. msi 在 MapGIS 软件中转换为. jpg 格式。

(2)利用已有的矢量数据(接图表. shp)对步骤(1)转换的结果(G48G006031DOM. jpg、G48G007031DOM. jpg)在 ArcGIS 中进行地理配准。

(3)将两幅配准后的影像进行镶嵌,镶嵌为一幅影像。

(4)根据“裁剪范围. xls”文件,将其转换为点文件,最后由点转换为面文件,得到“裁剪范围. shp”文件。

(5)利用“裁剪范围. shp”文件对步骤(3)中镶嵌的结果进行裁剪,得到裁剪范围内的影像文件。

(6)新建地理数据库、要素数据集、要素类(DLTB. shp),并添加字段 DLBM、DLMC,然后对步骤(5)得到的裁剪范围内的影像进行矢量化操作,并对各个图斑要素的地类名称、地类编码进行赋值。

(7)完成矢量化操作后，对 DLTB. shp 进行拓扑错误的检查与修改操作。

(8)拓扑错误检查与修改完成后，对 DLTB. shp 图层中各个地类进行面积统计，并进行相应的分析，最后形成项目区土地利用现状表。

四、提交成果

(1)G48G006031DOM、G48G007031DOM 两幅影像镶嵌成果。

(2)项目区影像。

(3)DLTB. shp(经过拓扑错误检查与修改后的成果)。

(4)项目区土地利用现状表(单位为平方米或公顷)。

五、拓展训练

(一)拓展训练要求

根据实验十综合练习的操作流程，使用 Visio 软件绘制技术路线图。

(二)成果提交

提交技术路线图成果。

参考文献

池建,陈世琼,陈欣,等. 2011. 精通 ArcGIS 地理信息系统[M]. 北京:清华大学出版社.

邓敏,樊子德,刘启亮. 2015. 空间分析实验教程[M]. 北京:测绘出版社.

龚健雅. 2001. 地理信息系统基础[M]. 北京:科学出版社.

牟乃夏,刘文宝,王海银,等. 2012. ArcGIS 10 地理信息系统教程——从初学到精通[M]. 北京:测绘出版社.

汤国安,刘学军,闾国年,等. 2007. 地理信息系统教程[M]. 北京:高等教育出版社.

汤国安,杨昕. 2012. ArcGIS 地理信息系统空间分析实验教程[M]. 2 版. 北京:科学出版社.

肖智,杨剑,史建康. 2015. ArcGIS 软件应用实验指导书[M]. 成都:西南交通大学出版社.

杨克诚. 2009. ArcGIS 实验指导书[M]. 昆明:云南大学出版社.

张东明,吕翠华,聂俊堂,等. 2014. 地理信息系统技术应用实训指导书[M]. 北京:测绘出版社.

附表　土地规划用途分类

一级类	二级类	三级类	编码	含义
1农用地			1	指直接用于农业生产的土地，包括耕地、园地、林地、牧草地及其他农用地
	耕地		11	指种植农作物的土地，包括熟地，新开发、复垦、整理地，休闲地、轮歇地、草田轮作地；以种植农作物为主，间有零星果树、桑树或其他树木的土地；平均每年能保证收获一季的已垦滩地和海涂。耕地中包括南方宽度<1.0 m，北方宽度<2.0 m的沟、渠、路和地埂
		水田	111	指用于种植水稻、莲藕等水生农作物的耕地，包括实行水生、旱生农作物轮种的耕地
		水浇地	112	指有水源保证和灌溉设施，在一般年景能正常灌溉，种植旱生农作物的耕地。包括种植蔬菜等的非工厂化的大棚用地
		旱地	113	指无灌溉设施，主要靠天然降水种植旱生农作物的耕地，包括没有灌溉设施，仅靠引洪淤灌的耕地
	园地		12	指种植以采集果、叶、根、茎、汁等为主的集约经营的多年生木本和草本作物(含其苗圃)，覆盖度大于50%和每亩有收益的株数达到合理株数70%的土地
	林地		13	指生长乔木、竹类、灌木的土地，以及沿海生长红树林的土地。包括迹地，不包括居民点内部的绿化林木用地、铁路、公路征地范围内的林木，以及河流、沟渠的护堤林
		有林地	131	指树木郁闭度≥0.2的乔木林地，包括红树林地和竹林地
		灌木林地	132	指灌木覆盖度≥40%的林地
		其他林地	133	包括疏林地(指树木郁闭度为10%～19%的疏林地)、未成林地、迹地、苗圃等林地
	牧草地		14	指生长草本植物为主的土地
		天然牧草地	141	指以天然草本植物为主，用于放牧或割草的草地
		人工牧草地	142	指人工种植牧草的草地
		其他草地	143	指树木郁闭度<0.1，表层为土质，生长草本植物为主，不用于畜牧业的草地
	其他农用地		15	指上述耕地、园地、林地、牧草地以外的农用地
		设施农用地	151	指直接用于经营性养殖的畜禽舍、工厂化作物栽培或水产养殖的生产设施用地及其相应附属用地，农村宅基地以外的晾晒场等农业设施用地
		农村道路	152	指公路用地以外的南方宽度≥1.0 m、北方宽度≥2.0 m的村间、田间道路(含机耕道)
		坑塘水面	153	指人工开挖或天然形成的蓄水量<10万立方米的坑塘常水位岸线所围成的水面
		农田水利用地	154	指农民、农民集体或其他农业企业等自建或联建的农田排灌沟渠及其相应附属设施用地
		田坎	155	主要指耕地中南方宽度≥1.0 m、北方宽度≥2.0 m的地坎

续表

一级类	二级类	三级类	编码	含义
2 建设用地			2	指构造建筑物、构筑物的土地。包括居民点用地、独立工矿用地、特殊用地、风景旅游用地、交通用地、水利设施用地等
	城乡建设用地		21	指城镇、农村区域已建造建筑物、构筑物的土地。包括城市、建制镇、农村居民点、采矿用地等
		城市	211	指城市居民点，以及与城市连片的和区政府、县级市政府所在地镇级辖区内的商服、住宅、工业、仓储、机关、学校等单位用地
		建制镇	212	指建制镇居民点，以及所属的商服、住宅、工矿、工业、仓储、学校等企事业单位用地
		农村居民点	213	指农村居民点，以及所谓的商服、住宅、工矿、工业、仓储、学校等用地
		采矿用地	214	指独立于居民点之外的采矿、采石、采砂(沙)场，砖瓦窑等地面生产用地及尾矿堆放地(不含盐田)
		独立建设用地	215	指采矿地以外，对气候、环境、建设有特殊要求及其他不宜在居民点内配置的各类建设用地
	交通水利用地		22	指城乡居民点之外的交通运输用地和水利设施用地。其中，交通运输用地是指用于运输通行的地面线路、场站等用地，包括公路、铁路、民用机场、港口、码头、管道运输及其附属设施用地；水利设施用地是指用于水库、水工建筑的工地
		铁路用地	221	指用于铁道线路、轻轨、场站的用地。包括设计内的路堤、路堑、道沟、桥梁、林木等用地
		公路用地	222	指用于国道、省道、县道和乡道的用地。包括设计内的路堤、路堑、道沟、桥梁、汽车停靠站、林木及直接为其服务的附属用地
		机场用地	223	指用于民用机场的用地
		港口码头用地	224	指用于人工修建的客运、货运、捕捞及工作船舶停靠的场所及其附属建筑物的用地，不包括常水位以下部分
		管道运输用地	225	指用于运输煤炭、石油、天然气等管道及其相应附属设施的地上部分用地
		水库水面	226	指人工拦截汇集而成的总库容≥10 万立方米的水库正常蓄水位岸线所围成的水面
		水工建筑用地	227	指除农田水利用地以外的人工修建的沟渠(包括渠槽、渠堤、护堤林)、闸、坝、堤路林、水电厂房、扬水站等常水位岸线以上的水工建筑物用地
	其他建设用地		23	是指城乡建设用地范围之外的风景名胜设施用地、特殊用地、盐田
		风景名胜设施用地	231	指城乡建设用地范围之外的风景名胜(包括名胜古迹、旅游景点、革命遗址等)景点及管理机构的建筑用地
		特殊用地	232	指城乡建设用地范围之外的，用于军事设施、涉外、宗教、监教、殡葬等的土地
		盐田	233	指以经营盐为目的，包括盐场及附属设施用地

续表

一级类	二级类	三级类	编码	含义
3其他土地			3	指农用地和建设用地以外的土地
	水域		31	指陆地河流、湖泊等水域用地，不包括滞洪区和已垦滩涂中的耕地、园地、林地、居民点、道路等用地
		河流水面	311	指天然形成或人工开挖河流常水位岸线之间的水面，不包括被堤坝拦截后形成的水库水面
		湖泊水面	312	指天然形成的积水区常水位岸线所围成的水面
		滩涂	313	指沿海大潮高潮位与低潮位之间的潮侵地带，河流、湖泊常水位与洪水位间的滩地；时令湖、河洪水位以下的滩地；水库、坑塘的正常蓄水位与最大洪水位间滩地；生长芦苇的土地
	自然保留地		32	指水域以外，规划期内不利用、保留原有性状的土地，包括冰川及永久积雪、沼泽地、荒草地、盐碱地、沙地、裸地、高原荒漠、苔原等

说明：本表依据国家标准和地方实践做了一些增补编码。